DUDEN

WISSEN >> ÜBEN >> TESTEN

Mathematik

Lösungsheft

6.

Klasse

1 Rechnen mit Bruchzahlen

Übung 1 **S. 7**

a) $\frac{1}{4}$; **b)** $\frac{5}{6}$; **c)** $\frac{8}{10} = \frac{4}{5}$

Übung 2 **S. 7**

a) $\frac{3}{6}$; **b)** $\frac{45}{63}$; **c)** $\frac{2}{5}$; **d)** $\frac{3}{2}$

Übung 3 **S. 7**

a) $\frac{2}{60}$; **b)** $\frac{42}{60}$; **c)** $\frac{120}{60}$; **d)** $\frac{55}{60}$

Übung 4 **S. 8**

a) $\frac{1}{2}$; **b)** $\frac{1}{3}$; **c)** $\frac{1}{2}$; **d)** $\frac{3}{4}$; **e)** $\frac{3}{8}$; **f)** $\frac{5}{2}$

Übung 5 **S. 8**

a) 30; **b)** 12; **c)** 18; **d)** 36

Übung 6 **S. 8**

a) $\frac{9}{12} < \frac{10}{12}$; **b)** $\frac{4}{30} < \frac{9}{30}$; **c)** $\frac{4}{18} > \frac{3}{18}$; **d)** $\frac{9}{24} < \frac{10}{24}$

Übung 7 **S. 8**

kgV (4; 5; 6; 8) = 120

Übung 8 **S. 10**

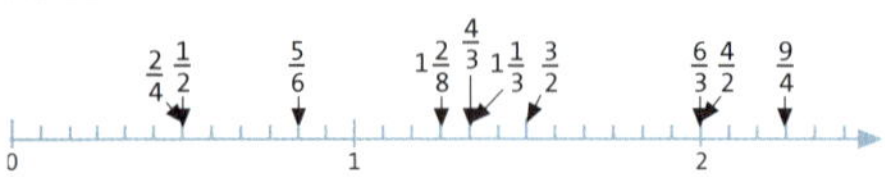

Übung 9 **S. 10**

$\frac{3}{4}$; 5; 2; 5; $\frac{3}{2}$; 5; 4; 1

Übung 10 **S. 10**

a) $\frac{1}{2} = \frac{2}{4} = \frac{4}{8}$ und $\frac{2}{3} = \frac{4}{6} = \frac{6}{9}$

b) $\frac{3}{5} = \frac{9}{15} = \frac{30}{50}$ und $\frac{8}{14} = \frac{4}{7}$

Übung 11 **S. 10**

a) 2; **b)** $\frac{3}{2}$; **c)** 3; **d)** 0; **e)** $\frac{4}{3}$; **f)** 1

Übung 12 **S. 11**

a) $\frac{3}{2}$; **b)** $\frac{9}{4}$; **c)** $\frac{21}{4}$; **d)** $\frac{11}{3}$;

e) $\frac{26}{9}$; **f)** $\frac{11}{10}$; **g)** $\frac{50}{7}$; **h)** $\frac{89}{9}$

Übung 13 **S. 11**

a)$1\frac{1}{3}$; **b)**$10\frac{1}{2}$; **c)** 7; **d)** $6\frac{1}{2}$; **e)** $5\frac{2}{3}$; **f)** 14

Übung 14 **S. 12**

Reihenfolge wie in der Übung: $2\frac{1}{3}$; $3\frac{5}{6}$; $3\frac{2}{3}$; $2\frac{3}{4}$; $4\frac{1}{3}$; geordnet: $2\frac{1}{3} < 2\frac{3}{4} < 3\frac{2}{3} < 3\frac{5}{6} < 4\frac{1}{3}$

Übung 15 **S. 12**

a) $1\frac{1}{2}$; **b)** $4\frac{1}{4}$; **c)** $2\frac{2}{5}$; **d)** $3\frac{1}{2}$

Übung 16 **S. 12**

a) $4\frac{1}{2}$; **b)** $1\frac{1}{4}$; **c)** $3\frac{1}{3}$; **d)** $4\frac{1}{3}$

Übung 17 **S. 12**

$\frac{2}{3}$ und 1 sind von $\frac{3}{4}$ nur halb so weit entfernt wie von $\frac{1}{2}$.

Übung 18 **S. 14**

a) $\frac{2}{3}$; **b)** $\frac{6}{7}$; **c)** $\frac{24}{23}$; **d)** $\frac{6}{5}$; **e)** $\frac{6}{4} = \frac{3}{2}$;

f) $\frac{16}{10} = \frac{8}{5}$; **g)** $\frac{12}{9} = \frac{4}{3}$; **h)** $\frac{12}{16} = \frac{3}{4}$

Übung 19 **S. 14**

a) $\frac{3}{10}$; **b)** $\frac{2}{4} + \frac{3}{4} = \frac{5}{4}$; **c)** $\frac{8}{20} + \frac{13}{20} = \frac{21}{20}$;

d) $\frac{4}{24} + \frac{9}{24} = \frac{13}{24}$; **e)** $\frac{2}{7}$; **f)** $\frac{33}{6} - \frac{22}{6} = \frac{11}{6}$;

g) $\frac{15}{18} - \frac{8}{18} = \frac{7}{18}$; **h)** $\frac{51}{68} - \frac{36}{68} = \frac{15}{68}$

Übung 20 **S. 14**

Drei aus der jeweiligen Reihe würden die Aufgabe lösen:

b) ④, 8, 12, 16, 20, …

c) ⑱, 36, 48, 72, 90, …

Übung 21 **S. 14**

a) $\frac{1}{2} = \frac{5}{10}$; $\frac{1}{5} = \frac{2}{10}$; **b)** $\frac{7}{4} = \frac{21}{12}$; $\frac{5}{6} = \frac{10}{12}$;

c) $\frac{9}{10} = \frac{63}{70}$; $\frac{3}{14} = \frac{15}{70}$

Übung 22 **S. 15**

a) $\frac{6}{4} = \frac{3}{2}$; **b)** $\frac{7}{8}$; **c)** $\frac{13}{12}$; **d)** $\frac{17}{36}$; **e)** $\frac{15}{60} = \frac{1}{4}$;

f) $\frac{4}{2} = 2$; **g)** $\frac{13}{14}$; **h)** $\frac{1}{2000}$; **i)** $\frac{13}{54}$

ÜBUNG 23 S. 15

a) $\frac{20}{60} + \frac{15}{60} + \frac{12}{60} = \frac{47}{60}$

b) $\frac{6}{42} + \frac{28}{42} + \frac{56}{42} + \frac{3}{42} = \frac{93}{42} = 2\frac{9}{42} = 2\frac{3}{14}$

c) $\frac{27}{30} - \frac{6}{30} - \frac{20}{30} = \frac{1}{30}$

ÜBUNG 24 S. 15

a) $\frac{7}{8} + \frac{22}{8} = \frac{29}{8} = 3\frac{5}{8}$; **b)** $\frac{11}{10} - \frac{3}{16} = \frac{88}{80} - \frac{15}{80} = \frac{73}{80}$;

c) $\frac{51}{5} - \frac{11}{2} + \frac{7}{3} = \frac{306}{30} - \frac{165}{30} + \frac{70}{30} = 7\frac{1}{30}$

ÜBUNG 25 S. 16

a) Hauptnenner: 300; $\frac{125}{300} + \frac{18}{300} = \frac{143}{300}$

b) Hauptnenner: 308; $\frac{42}{308} - \frac{11}{308} = \frac{31}{308}$

ÜBUNG 26 S. 16

Emilio bekommt ein Fünftel der Pizza.

ÜBUNG 27 S. 18

a) $\frac{1}{2} \cdot \frac{1}{2} = \frac{1 \cdot 1}{2 \cdot 2} = \frac{1}{4}$; **b)** $\frac{3}{7} \cdot \frac{5}{2} = \frac{3 \cdot 5}{7 \cdot 2} = \frac{15}{14}$;

c) $\frac{7}{25} \cdot \frac{11}{4} = \frac{7 \cdot 11}{25 \cdot 4} = \frac{77}{100}$;

d) $\frac{1}{3} \cdot \frac{4}{5} \cdot \frac{7}{3} = \frac{1 \cdot 4 \cdot 7}{3 \cdot 5 \cdot 3} = \frac{28}{45}$

ÜBUNG 28 S. 18

a) $\frac{7}{4} : \frac{2}{5} = \frac{7}{4} \cdot \frac{5}{2} = \frac{7 \cdot 5}{4 \cdot 2} = \frac{35}{8}$

b) $\frac{3}{4} : \frac{5}{9} = \frac{3}{4} \cdot \frac{9}{5} = \frac{3 \cdot 9}{4 \cdot 5} = \frac{27}{20}$

c) $\frac{11}{5} : \frac{9}{2} = \frac{11}{5} \cdot \frac{2}{9} = \frac{11 \cdot 2}{5 \cdot 9} = \frac{22}{45}$

d) $\frac{8}{15} : \frac{15}{12} = \frac{8}{15} \cdot \frac{12}{15} = \frac{8 \cdot 12}{15 \cdot 15} = \frac{96}{225} = \frac{32}{75}$

ÜBUNG 29 S. 18

a) $\frac{3}{2}, \frac{5}{2}, 1$; **b)** $\frac{5}{6}, \frac{5}{3}, 1$; **c)** $\frac{7}{2}, \frac{7}{3}, 1$

ÜBUNG 30 S. 18

a) $\frac{3}{8}$; **b)** $\frac{6}{7}$; **c)** $\frac{2}{15}$; **d)** $\frac{3}{8}$; **e)** 1; **f)** $\frac{1}{3}$

ÜBUNG 31 S. 19

Der Anteil beträgt $\frac{7}{20}$.

ÜBUNG 32 S. 19

a) $\frac{12}{5}$; **b)** $\frac{2}{5}$

ÜBUNG 33 S. 19

a) $\frac{3}{10} \cdot \frac{2}{1} = \frac{6}{10} = \frac{3}{5}$; **b)** $\frac{4}{9} \cdot \frac{3}{2} = \frac{12}{18} = \frac{2}{3}$;

c) $\frac{12}{7} \cdot \frac{21}{8} = \frac{252}{56} = \frac{9}{2}$; **d)** $\frac{35}{78} \cdot \frac{130}{49} = \frac{4550}{3822} = \frac{25}{21}$

ÜBUNG 34 S. 19

a) 14; **b)** $\frac{5}{6}$; **c)** 30

ÜBUNG 35 S. 20

a) $\frac{1}{4}$ Kilogramm; **b)** $\frac{1}{40}$ Liter; **c)** $\frac{1}{4}$ Pizza;

d) $\frac{1}{2}$ Stunde

ÜBUNG 36 S. 20

a) $\frac{16}{25}$; **b)** $\frac{1}{32}$; **c)** $\frac{1}{10\,000}$; **d)** $\frac{27}{8}$

ÜBUNG 37 S. 20

$4\frac{1}{2} \cdot 3\frac{1}{2} = 15\frac{3}{4}$

Die Rasenfläche ist $15\frac{3}{4}$ Quadratmeter groß.

ÜBUNG 38 S. 20

a) $\frac{4}{5} \cdot \frac{1}{2} = \frac{2}{5}$; **b)** $1\frac{1}{4} : \frac{7}{2} = \frac{5}{14}$

ÜBUNG 39 S. 20

a) Leas Aussage stimmt. Das Ergebnis ist kleiner als die ursprüngliche Zahl, wenn man sie mit einer Bruchzahl multipliziert, deren Wert kleiner als eins ist.

b) Teilt man eine Zahl durch eine Bruchzahl, deren Wert kleiner als eins ist, so ist das Ergebnis größer als die ursprüngliche Zahl.

Beispiel: $5 : \frac{1}{2} = \frac{5}{1} \cdot \frac{2}{1} = 10$

ÜBUNG 40 S. 22

a) $\frac{11}{10}$; **b)** $\frac{13}{12}$; **c)** $\frac{1}{30}$; **d)** $\frac{21}{8}$; **e)** $\frac{1}{88}$;

f) $\frac{3}{2}$; **g)** $\frac{12}{5}$; **h)** $\frac{1}{7}$

ÜBUNG 41 S. 22

a) $\frac{6}{5} \cdot \frac{3}{4} - \frac{1}{4} = \frac{13}{20}$ **b)** $\frac{13}{7} + \frac{5}{7} \cdot \frac{3}{2} = \frac{41}{14}$

c) $\frac{1}{2} - \frac{1}{3} - \frac{1}{6} = 0$ **d)** $\frac{3}{11} \cdot \frac{22}{5} + \frac{5}{6} \cdot \frac{3}{2} = \frac{49}{20}$

ÜBUNG 42 **S. 22**

a) 1; **b)** $\frac{9}{5}$

a) **b)**

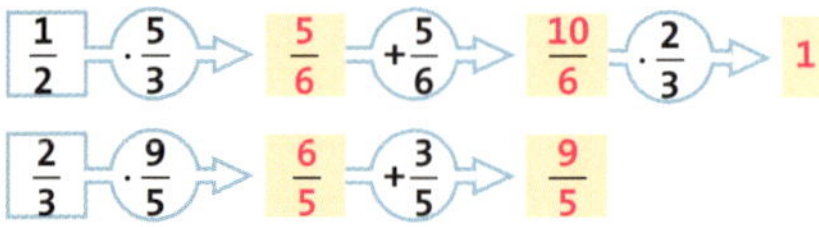

ÜBUNG 43 **S. 23**

$\left(\frac{1}{4}\cdot\frac{1}{2}+\frac{1}{3}\cdot\frac{1}{3}\right)\cdot 2=\frac{17}{36}$

Der gesuchte Bruchteil ist $\frac{17}{36}$.

ÜBUNG 44 **S. 23**

a) $\frac{14}{3}$; **b)** $\frac{7}{27}$

ÜBUNG 45 **S. 23**

a) $\frac{1}{10}$; **b)** $\frac{27}{8}$; **c)** $\frac{11}{12}$; **d)** $\frac{151}{48}$

Klassenarbeiten

AUFGABE 1 **S. 24**

a) $\frac{8}{12}=\frac{2}{3}$; **b)** $\frac{3}{10}$; **c)** $\frac{10}{16}=\frac{5}{8}$

AUFGABE 2 **S. 24**

a) $\frac{2}{3}$; **b)** $\frac{12}{13}$; **c)** $2\frac{2}{5}$; **d)** $\frac{29}{40}$

AUFGABE 3 **S. 24**

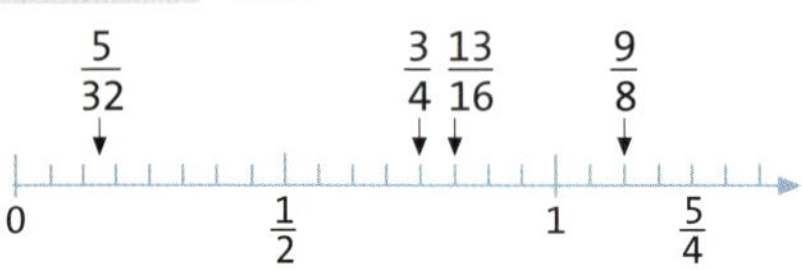

AUFGABE 4 **S. 24**

a) 2; **b)** $\frac{23}{12}$; **c)** $\frac{124}{105}$

AUFGABE 5 **S. 24**

Reihenfolge wie in der Aufgabe: $2\frac{1}{4}$; $\frac{9}{10}$; $1\frac{5}{6}$; $2\frac{1}{5}$; $1\frac{4}{5}$; geordnet: $\frac{9}{10} < 1\frac{4}{5} < 1\frac{5}{6} < 2\frac{1}{5} < 2\frac{1}{4}$

AUFGABE 6 **S. 24**

a) $\frac{30}{11}$; **b)** 8; **c)** $\frac{6}{5}$

AUFGABE 7 **S. 24**

a) $\frac{65}{18}$; **b)** $\frac{9}{50}$

AUFGABE 8 **S. 24**

Der Hauptnenner ist 1386.

AUFGABE 9 **S. 25**

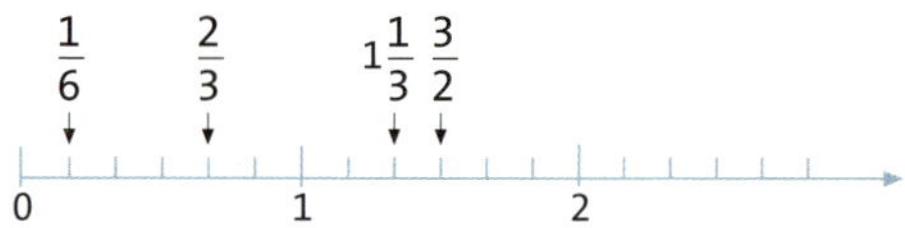

AUFGABE 10 **S. 25**

$\frac{14}{21}=\frac{12}{18}=\frac{32}{48}=\frac{2}{3}\neq\frac{21}{33}=\frac{7}{11}$

AUFGABE 11 **S. 25**

a) $\frac{9}{8}$; **b)** $\frac{4}{3}$; **c)** $\frac{14}{15}$; **d)** $\frac{4}{21}$; **e)** $19\frac{1}{5}$; **f)** $\frac{5}{3}$

AUFGABE 12 **S. 25**

a) $\frac{180}{100}$; **b)** $\frac{25}{100}$

AUFGABE 13 **S. 25**

a) 70 ct; **b)** 36 min

AUFGABE 14 **S. 25**

Er hätte dann $\frac{7}{8}$ der Pizza gegessen.

AUFGABE 15 **S. 26**

A = $\frac{1}{4}$; B = $\frac{1}{2}$; C = $\frac{7}{8}$

AUFGABE 16 **S. 26**

$\frac{2}{3}$ der Spiele fanden statt.

AUFGABE 17 **S. 26**

a) 37; **b)** $10\frac{4}{5}$

AUFGABE 18 **S. 26**

a) $\frac{7}{5}$; **b)** $\frac{10}{9}$

AUFGABE 19 **S. 26**

a) $\frac{1}{4}$ h; **b)** $\frac{1}{2}$ t; **c)** $\frac{1}{8}$ km

AUFGABE 20 **S. 26**

$\frac{4}{9} \cdot \frac{108}{16} = 3$

AUFGABE 21 **S. 26**

Chris: $3 \cdot \frac{3}{4} = 2\frac{1}{4}$; Tina: $2 \cdot 1\frac{1}{2} = 3$

Tina trainiert also länger.

AUFGABE 22 **S. 26**

$3 \cdot 1\frac{1}{2}\,\text{l} = 4\frac{1}{2}\,\text{l}$; $4\frac{1}{2}\,\text{l} : \frac{2}{5}\,\text{l} = 11\frac{1}{4}$

Nein, der Saft reicht nicht.

AUFGABE 23 **S. 27**

a) $\frac{2}{3}$; **b)** $\frac{1}{4}$

AUFGABE 24 **S. 27**

a) $\frac{4}{13} < \frac{7}{13}$; **b)** $\frac{3}{11} = \frac{27}{99} < \frac{55}{99} = \frac{5}{9}$;
c) $\frac{5}{6} = \frac{30}{36} > \frac{15}{36}$

AUFGABE 25 **S. 27**

a) $\frac{3}{7} = \frac{18}{42}$; **b)** $\frac{48}{36} = \frac{4}{3}$

AUFGABE 26 **S. 27**

a) $45\frac{5}{9}$; **b)** $5\frac{3}{8}$; **c)** $8\frac{5}{9}$

AUFGABE 27 **S. 27**

a) 111 cm; **b)** 654 g; **c)** 6 Schüler; **d)** 88 kg

AUFGABE 28 **S. 27**

$\frac{9}{18} = \frac{15}{30}$; $\frac{4}{6} = \frac{20}{30}$

AUFGABE 29 **S. 28**

$\frac{5}{2}$

AUFGABE 30 **S. 28**

Insgesamt werden $\frac{573}{20} = 28\frac{13}{20}$ t Beton angeliefert.

AUFGABE 31 **S. 28**

a) 18 Schüler kommen mit dem Rad.

b) $\frac{1}{10}$ der Schüler kommen mit dem Bus.

c) $\frac{3}{10}$ der Schüler kommen weder mit dem Rad noch mit dem Bus.

d) $\frac{3}{5} = \frac{72}{120} > \frac{3}{8} = \frac{45}{120} > \frac{1}{3} = \frac{40}{120}$

In der Klasse 6 a ist der Anteil am größten.

AUFGABE 32 **S. 28**

a) $3\frac{1}{4}$; **b)** -1

AUFGABE 33 **S. 28**

$\frac{1}{12} = \frac{2}{24} < \frac{[3; 4; 5]}{24} < \frac{6}{24} = \frac{1}{4}$

2 Zahlen in Dezimalschreibweise

ÜBUNG 1 **S. 30**

a) 0,3; **b)** 0,07; **c)** 0,0003; **d)** 0,9;
e) 0,001; **f)** 0,000 003

ÜBUNG 2 **S. 30**

a) $1 + \frac{3}{10}$; **b)** $10 + 2 + \frac{0}{10} + \frac{3}{100}$;
c) $\frac{1}{1000} + \frac{0}{10\,000} + \frac{2}{100\,000}$

ÜBUNG 3 **S. 30**

a) 0,05 0,20 0,31 0,5 0,75 0,87 1,09

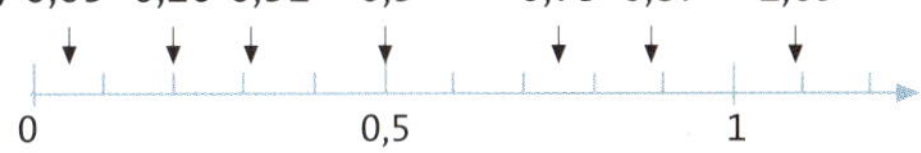

b) 0,0 0,9 2,05 2,4 3,3 3,95 4,55

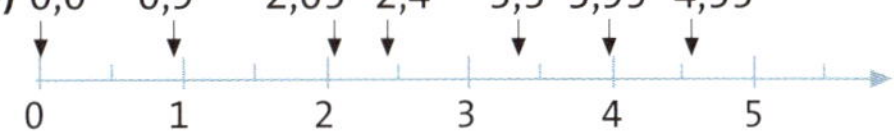

ÜBUNG 4 **S. 30**

a) $\frac{27}{10}$; **b)** $\frac{13}{50}$; **c)** $\frac{121}{10}$; **d)** $\frac{401}{200}$

ÜBUNG 5 **S. 31**

a) $\frac{1}{10} = 0{,}1$; $\frac{3}{10} = 0{,}3$; $\frac{3}{100} = 0{,}03$; $\frac{33}{100} = 0{,}33$;
$\frac{33}{10} = 3{,}3$; $\frac{3}{1000} = 0{,}003$;
b) $\frac{70}{100} = 0{,}7$; $\frac{777}{100} = 7{,}77$; $\frac{7}{100} = 0{,}07$;
$\frac{707}{1000} = 0{,}707$; $\frac{77}{1000} = 0{,}077$; $\frac{770}{1000} = 0{,}77$

ÜBUNG 6 **S. 31**

$0{,}7000 = 0{,}7 = \frac{7}{10}$; $0{,}25 = \frac{1}{4} = 0{,}250$;
$3 = 3{,}0 = \frac{6}{2}$
ohne Entsprechung sind:
$0{,}125$; $\frac{1}{2}$; $\frac{1}{25}$; $0{,}02$

ÜBUNG 7 **S. 32**

$a = 0{,}5$; $b = 0{,}2$; $c = 1{,}3$; $d = 1{,}9$;
$e = 0{,}05$; $f = 1{,}45$; $g = 0{,}95$; $h = 1{,}52$

ÜBUNG 8 **S. 32**

$0{,}123 < 0{,}56 < 0{,}65 < 0{,}8 < 0{,}88 < 1{,}22 < 1{,}23 < 12{,}3$

ÜBUNG 9 **S. 32**

a) 4400 g; **b)** 330 ml; **c)** 123 cm; **d)** 22 030 kg;
e) 450 m; **f)** 130 mm²; **g)** 75 mm; **h)** 82 dm²

ÜBUNG 10 **S. 32**

$4{,}2 > 4{,}02$; $\frac{27}{100} > 0{,}027$;
$2{,}89 < 12{,}98$; $\frac{917}{10\,000} = 0{,}0917$;
$0{,}04 > 0{,}039$; $1{,}02 < \frac{53}{50}$;
$0{,}0010 = 0{,}001\,00$; $3{,}45 = 3\frac{9}{20}$

ÜBUNG 11 **S. 32**

$2{,}1\,\text{min} = 2\,\text{min} + \frac{1}{10}\,\text{min} = 120\,\text{s} + 6\,\text{s} = 126\,\text{s}$

Tatsächlich entsprechen 2,1 Minuten 126 s. (Paul rechnet so, als ob eine Minute 100 Sekunden hätte.)

ÜBUNG 12 **S. 35**

a) 7,30; **b)** 0,865; **c)** 13,12; **d)** 1,865

ÜBUNG 13 **S. 35**

Hans ist reicher geworden. Er hat dann 11,37 €.

ÜBUNG 14 **S. 35**

a) 39,13; **b)** 33,372

ÜBUNG 15 **S. 35**

a) 4,3; **b)** 7,8; **c)** 11,1; **d)** 20; **e)** 0,1; **f)** 13,3;
g) 1,2; **h)** 2,4; **i)** 2,6; **j)** 9,6; **k)** 6,6; **l)** 6,3

ÜBUNG 16 **S. 35**

a) 10,01; **b)** 21,721; **c)** 12,105; **d)** 1,4;
e) 1,67; **f)** 6,897; **g)** 5,85; **h)** 6,48

ÜBUNG 17 **S. 36**

a) 4,75; **b)** 0,84

ÜBUNG 18 **S. 36**

160 : 25 = 6,4 (um 1 Stelle)
1,705 : 55 = 0,031 (um 1 Stelle)
183 : 12 = 15,25 (um 2 Stellen)
9720 : 2025 = 4,8 (um 3 Stellen)

ÜBUNG 19 **S. 37**

a) $50\,\% = 0{,}5 = \frac{1}{2}$;
b) $60\,\% = 0{,}6 = \frac{3}{5}$; $30\,\% = 0{,}3 = \frac{3}{10}$;
c) $15\,\% = 0{,}15 = \frac{3}{20}$; **d)** $100\,\% = 1{,}0 = 1$

ÜBUNG 20 **S. 37**

a) 3,3; **b)** 3; **c)** 3,5; **d)** 3,5; **e)** 7,00;
f) 5,331; **g)** 13,60; **h)** 2,00

ÜBUNG 21 **S. 37**

a) 0,2; 1,2; 2,5; **b)** 0,75; 10; 2,5; **c)** 0,8; 0,625; 2,5

ÜBUNG 22 **S. 37**

a) 6,5; **b)** 13,25; **c)** 3,6; **d)** 22; **e)** 8,9; **f)** 4,21

ÜBUNG 23 **S. 39**

a) $\frac{7}{10}$; **b)** $\frac{35}{100} = \frac{7}{20}$; **c)** $\frac{13}{10}$; **d)** $\frac{9}{100}$; **e)** $\frac{18}{10} = \frac{9}{5}$;
f) $\frac{5025}{100} = \frac{201}{4}$; **g)** $\frac{105}{10} = \frac{21}{2}$; **h)** $\frac{1383}{1000}$;
i) $\frac{126}{100} = \frac{63}{50}$; **j)** $\frac{2001}{1000}$

ÜBUNG 24 **S. 39**

a) 0,1; **b)** 0,04; **c)** 3,12; **d)** 0,3; **e)** 5,8; **f)** 1,025; **g)** 0,001; **h)** 0,012; **i)** 54,205; **j)** 0,27; **k)** 0,124; **l)** 0,0541

ÜBUNG 25 **S. 39**

a) 0,2; **b)** 0,35; **c)** 0,8; **d)** 0,02; **e)** 5,5; **f)** 0,026; **g)** 1,25; **h)** 0,075; **i)** 0,12; **j)** 0,375

ÜBUNG 26 **S. 39**

a) 0,375; **b)** 30,25; **c)** 0,8125; **d)** 2,2125; **e)** 0,05

ÜBUNG 27 **S. 40**

$\frac{9}{5}$; 1,5; 0,02; $\frac{6}{5}$; $\frac{11}{4}$

ÜBUNG 28 **S. 40**

a) $0,\overline{3}$ (Periodenlänge 1)
b) $2,\overline{2}$ (Periodenlänge 1)
c) $0,\overline{27}$ (Periodenlänge 2)
d) $0,41\overline{6}$ (Periodenlänge 1)
e) $0,\overline{407}$ (Periodenlänge 3)

ÜBUNG 29 **S. 40**

Mitglieder zahlen 13,30 €.
Nichtmitglieder zahlen 26,70 €.
(Exakte Lösung: $13\frac{1}{3}$ und $26\frac{2}{3}$)

ÜBUNG 30 **S. 40**

$0,\overline{6} = \frac{6}{9} = \frac{2}{3}$

Klassenarbeiten

AUFGABE 1 **S. 41**

a) 1,25; **b)** 0,6; **c)** 3,375

AUFGABE 2 **S. 41**

a) $\frac{3}{10}$; **b)** $\frac{23}{20}$; **c)** $\frac{5}{4}$

AUFGABE 3 **S. 41**

Lösungsvorschlag:
a) 4,5; **b)** 0,222; **c)** 8,052 08

AUFGABE 4 **S. 41**

a) 5,4; **b)** 12,38; **c)** 1,00

AUFGABE 5 **S. 41**

a) 20,183; **b)** 0,1901; **c)** 0,612; **d)** 116; **e)** $0,05\overline{18}$; **f)** 1,5634

AUFGABE 6 **S. 41**

0,005, denn $2,25 \cdot 4,5 - 0,005 = 2,53 \cdot 4$

AUFGABE 7 **S. 41**

$1,7\overline{857142}$ (Periodenlänge 6)

AUFGABE 8 **S. 41**

Herr Rose hat das um 6,75 m² größere Grundstück.

AUFGABE 9 **S. 41**

$7,29 - 3,1 = 4,19$

AUFGABE 10 **S. 42**

A = 0,9; B = 1,75

AUFGABE 11 **S. 42**

$0,2 = \frac{1}{5}$; $0,\overline{2} = \frac{2}{9}$; $0,0\overline{2} = \frac{2}{90}$; $2,2 = \frac{11}{5}$;
$0,0222 = \frac{111}{5000}$; ohne Entsprechung sind:
$\frac{2}{5}$; $2\frac{1}{2}$; $\frac{1}{2}$; $\frac{222}{9990}$

AUFGABE 12 **S. 42**

a) 3,55; **b)** 3,5; **c)** 4

AUFGABE 13 **S. 42**

a) 0,000 000 000 1; **b)** 1 000 000

AUFGABE 14 **S. 42**

a) 123,4 cm; **b)** 5,5 m; **c)** 24,3 kg; **d)** 72 ct

AUFGABE 15 **S. 42**

a) 14,11; **b)** 0,0028; **c)** 0,0768; **d)** 3,2;
e) $2,32 - 7 = -4,68$; **f)** $8,1 - (3,4 - 8,2)$
$= 8,1 - (-4,8) = 8,1 + 4,8 = 12,9$

AUFGABE 16 **S. 43**

a) 1,2; **b)** 2,375; **c)** $5,\overline{3}$; **d)** $0,\overline{13}$

AUFGABE 17 **S. 43**

a) $\frac{13}{20}$; **b)** $6\frac{1}{8}$; **c)** $\frac{7}{9}$; **d)** $1\frac{23}{99}$

AUFGABE 18 **S. 43**

	0,887	0,091	51,895
auf Hundertstel	0,89	0,09	51,90
auf Zehntel	0,9	0,1	51,90
auf Einer	1	0	52

AUFGABE 19 **S. 43**

Kleinstmögliche: 6,75; größtmögliche: 6,84

AUFGABE 20 **S. 43**

Carsten und Daniela gewinnen, da ihre Uhren nur um sieben Sekunden vor- bzw. nachgehen.

AUFGABE 21 **S. 43**

a) 0,09; **b)** 19,9; **c)** 14,62; **d)** 1,11;
e) $2{,}8 \cdot 6{,}48 = 18{,}14$; **f)** $5{,}38 : 2{,}1 = 2{,}56$

3 Rationale Zahlen, Terme und Gleichungen

ÜBUNG 1 **S. 46**

Oben: –3,2; –2,5; –1,7; +0,5; +1,5; +3,2
Unten: –1,25; –0,6; –0,5; –0,25; +0,1; +1,25

ÜBUNG 2 **S. 46**

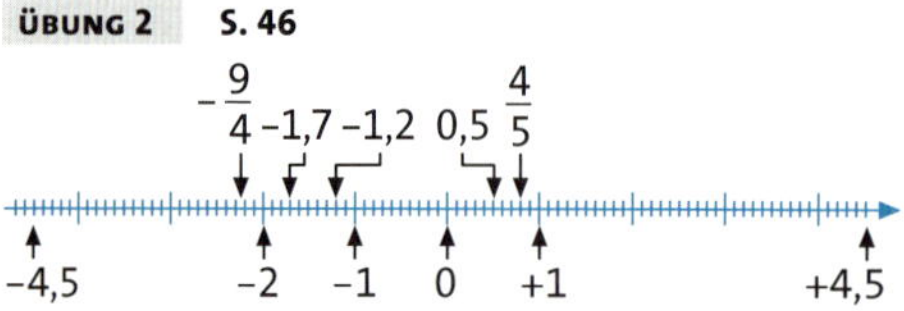

ÜBUNG 3 **S. 46**

a) $-5 \notin \mathbb{N}$; $-5 \in \mathbb{Z}$; $-5 \in \mathbb{Q}$; $-5 \in \mathbb{Q}^-$; $-5 \notin \mathbb{B}$
b) $123 \in \mathbb{N}$; $123 \in \mathbb{Z}$; $123 \in \mathbb{Q}$; $123 \notin \mathbb{Q}^-$; $123 \in \mathbb{B}$
c) $-2{,}8 \notin \mathbb{N}$; $-2{,}8 \notin \mathbb{Z}$; $-2{,}8 \in \mathbb{Q}$; $-2{,}8 \in \mathbb{Q}^-$; $-2{,}8 \notin \mathbb{B}$
d) $\frac{5}{7} \notin \mathbb{N}$; $\frac{5}{7} \notin \mathbb{Z}$; $\frac{5}{7} \in \mathbb{Q}$; $\frac{5}{7} \notin \mathbb{Q}^-$; $\frac{5}{7} \in \mathbb{B}$
e) $-2\frac{2}{3} \notin \mathbb{N}$; $-2\frac{2}{3} \notin \mathbb{Z}$; $-2\frac{2}{3} \in \mathbb{Q}$; $-2\frac{2}{3} \in \mathbb{Q}^-$; $-2\frac{2}{3} \notin \mathbb{B}$
f) $0{,}\overline{3} \notin \mathbb{N}$; $0{,}\overline{3} \notin \mathbb{Z}$; $0{,}\overline{3} \in \mathbb{Q}$; $0{,}\overline{3} \notin \mathbb{Q}^-$; $0{,}\overline{3} \in \mathbb{B}$
g) $+\frac{11}{5} \notin \mathbb{N}$; $+\frac{11}{5} \notin \mathbb{Z}$; $+\frac{11}{5} \in \mathbb{Q}$; $+\frac{11}{5} \notin \mathbb{Q}^-$; $+\frac{11}{5} \in \mathbb{B}$

ÜBUNG 4 **S. 46**

Gegenzahl:

–3	+2	–2,7	+17	0	$+\frac{2}{45}$	+0,67	$-12\frac{6}{7}$	+0,001

Betrag:

3	2	2,7	17	0	$\frac{2}{45}$	0,67	$12\frac{6}{7}$	0,001

ÜBUNG 5 **S. 46**

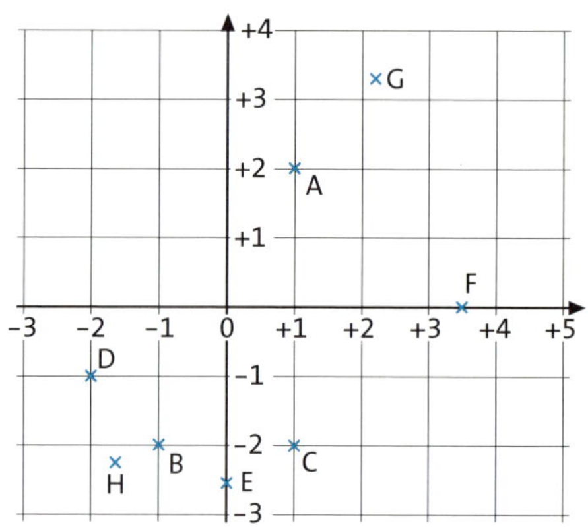

ÜBUNG 6 **S. 47**

a) Montag: –6 °C; Dienstag: –5 °C; Mittwoch: 0 °C; Donnerstag: +5 °C; Freitag: –1 °C.
b) $-6 < -5 < -1 < 0 < +5$
Am Montag war es am kältesten; Donnerstag war es am wärmsten.
c) Montag auf Dienstag: um 1 °C gestiegen; Dienstag auf Mittwoch: um 5 °C gestiegen; Mittwoch auf Donnerstag: um 5 °C gestiegen; Donnerstag auf Freitag: um 6 °C gefallen.

ÜBUNG 7 **S. 47**

a) $+2 < +5$ **b)** $-2 > -5$
c) $+5 > -2$ **d)** $0 > -3$
e) $-32{,}2 > -33{,}3$ **f)** $|-9| > |+4|$

ÜBUNG 8 **S. 47**

a) $L = \{0; 1; 2; 3; 4; 5\}$
b) $L = \{-4\}$
c) $L = \{-4; -3; -2; -1; 0; 1; 2; 3; 4\}$
d) Nein, jede natürliche Zahl ist eine ganze Zahl.
e) Ja, alle negativen ganzen Zahlen sind keine natürlichen Zahlen.

ÜBUNG 9 **S. 47**

a) Wolfgang hat mehr, denn 37 < 45.
b) Ingo hat 20 € Schulden.
c) Ihr Kontostand lautet –32 €.
d) 20 €, denn $-20 + 20 = 0$.
e) 65 €, denn $-20 + 65 = 45$.

ÜBUNG 10 **S. 47**

a) $L = \{0; 1; 2; 3; 4; 5; 6\}$
b) $L = \{-8; 8\}$
c) $L = \{-4; -3; -2; -1; 0; 1; 2; 3; 4\}$
d) $L = \{-2; -1; 0; 1; 2\}$

ÜBUNG 11 **S. 47**

a) 3; **b)** –1,2; **c)** –6; **d)** 1,5; **e)** $\frac{1}{4}$

ÜBUNG 12 **S. 49**

a) 1; **b)** –4; **c)** –0,5; **d)** –1; **e)** $-\frac{5}{16}$; **f)** –3,2;
g) 0; **h)** –6,3; **i)** $-\frac{1}{30}$; **j)** $-5\frac{1}{4}$

ÜBUNG 13 **S. 49**

a) 36; **b)** –3; **c)** 3; **d)** $\frac{3}{2}$; **e)** –6; **f)** –2;
g) 2,3; **h)** 4; **i)** –0,23; **j)** $-\frac{21}{8}$

ÜBUNG 14 **S. 49**

a) 33; **b)** –100; **c)** 1,4; **d)** $\frac{1}{3}$; **e)** –2001

ÜBUNG 15 **S. 49**

a) $1 - 9 = -8$; **b)** $-14 + 20 = 6$;
c) $-0{,}6 : 3 = -0{,}2$; **d)** $\frac{3}{4} \cdot (-4) = -3$

ÜBUNG 16 **S. 49**

a) $10 + (-18) = -8$; **b)** $-23 + 20 = -3$;
c) $25 - 40 = -15$; **d)** $-8{,}5 + 6{,}3 = -2{,}2$;
e) $-\frac{3}{7} + \left(-\frac{4}{7}\right) = -1$; **f)** $2 \cdot 0{,}3 = 0{,}6$;
g) $-\frac{1}{4} + \left(-\frac{2}{4}\right) = -\frac{3}{4}$; **h)** $-2 : \left(-\frac{1}{4}\right) = 8$;
i) $0 \cdot (-13) = 0$; **j)** $-3 : 9 = -\frac{1}{3}$; **k)** $\frac{4}{5} : \frac{1}{8} = \frac{32}{5}$;
l) $-\frac{4}{5} \cdot \left(-\frac{8}{3}\right) = \frac{32}{15}$

ÜBUNG 17 **S. 51**

a) 48; **b)** 10,5; **c)** –6,4; **d)** $-\frac{1}{3}$; **e)** –88,8;
f) –16,9; **g)** $\frac{4}{3}$; **h)** 100

ÜBUNG 18 **S. 51**

a) 168; **b)** 4,7; **c)** –1,7; **d)** $2\frac{1}{3}$; **e)** –3;
f) $\frac{1}{3}$; **g)** 100,11; **h)** 0

ÜBUNG 19 **S. 52**

a) –39; **b)** –45; **c)** 34; **d)** –27

ÜBUNG 20 **S. 52**

a) $-\frac{1}{7}$; **b)** 102; **c)** $\frac{2}{3}$; **d)** $-\frac{4}{5}$

ÜBUNG 21 **S. 52**

a) $-12 \cdot 30 + (-12) \cdot (-3) = -324$
b) $33 \cdot (-1) + 33 \cdot 10 = 297$
c) $-\frac{2}{5} \cdot (-5) + \left(-\frac{2}{5}\right) \cdot 10 = -2$
d) $\frac{1}{3} \cdot \left(-\frac{3}{2}\right) - 6 \cdot \left(-\frac{3}{2}\right) = \frac{17}{2}$
e) $-0{,}25 \cdot 3 + 0{,}\overline{3} \cdot 3 = 0{,}25$
f) $-14 \cdot \frac{2}{7} + (-14) \cdot \frac{3}{14} = -7$
g) $33 : 3 - 27 : 3 = 2$
h) $-\frac{2}{3} : \frac{2}{3} + \frac{2}{9} : \frac{2}{3} = -\frac{2}{3}$

ÜBUNG 22 **S. 52**

a) $-18 \cdot (14 + 6) = -360$;
b) $-6 \cdot (13 + 7) = -120$; **c)** $25 \cdot (13 - 15) = -50$;
d) $\frac{3}{4} \cdot (-2{,}5 - 1{,}5) = -3$; **e)** $-9 \cdot (17 - 23) = 54$;
f) $-\frac{2}{7} \cdot \left(\frac{3}{2} + 2\right) = -1$; **g)** $\frac{2}{5} \cdot \left(\frac{4}{3} - 1\right) = \frac{2}{15}$;
h) $(5 + 19) : (-8) = -3$

ÜBUNG 23 **S. 52**

a) 357; **b)** –266; **c)** 1107; **d)** –38; **e)** –78;

f) –46; **g)** $-32\frac{2}{3}$; **h)** $-\frac{63}{64}$; **i)** $-25\frac{5}{6}$; **j)** 399

ÜBUNG 24 **S. 54**

a) –5; **b)** –17; **c)** $\frac{3}{4}$; **d)** –141; **e)** 6,7;

f) 1; **g)** $1\frac{7}{8}$; **h)** 0

ÜBUNG 25 **S. 54**

a) 12; **b)** 12; **c)** 12; **d)** 42; **e)** 12; **f)** 12

ÜBUNG 26 **S. 54**

a) + b) Die vereinfachten Terme stehen in der Kopfzeile.

x	x – 2	–7 · x	2 · x – 3 · x = –1 · x = –x	–1 · x + x = 0 · x = 0	–11 · x – x + 5 = –12 · x + 5
1	–1	–7	–1	0	–7
2	0	–14	–2	0	–19
–1	–3	7	1	0	17
$\frac{1}{2}$	$-1\frac{1}{2}$	$-\frac{7}{2}$	$-\frac{1}{2}$	0	–1
–0,3	–2,3	2,1	0,3	0	8,6
$-\frac{1}{3}$	$-2\frac{1}{3}$	$\frac{7}{3}$	$\frac{1}{3}$	0	9
–7	–9	49	7	0	89
0	–2	0	0	0	5
0,1	–1,9	–0,7	–0,1	0	3,8

c) Das Einsetzen in die vereinfachten Terme liefert die gleichen Werte, allerdings mit weniger Rechenaufwand.

ÜBUNG 27 **S. 55**

a) richtig: $3 \cdot (-2 + 6) = 3 \cdot 4 = 12$; und mit dem ersten Fehler weitergerechnet würde sich $3 \cdot (-4) = -12$ ergeben.

b) richtig:

$\left(-\frac{2}{3}-\frac{1}{3}\right)^2 \cdot \frac{1}{2} + \frac{5}{2} = \left(-\frac{3}{3}\right)^2 \cdot \frac{1}{2} + \frac{5}{2} = 1 \cdot \frac{1}{2} + \frac{5}{2} = 3$;

und mit dem ersten Fehler weitergerechnet würde sich $\left(-\frac{3}{3}\right)^2 \cdot \frac{6}{2} = 1 \cdot 3 = 3$ ergeben.

c) richtig:

$(-2) \cdot \left(-\frac{3}{8}+\frac{7}{2}\right) - \left(1+\frac{1}{4}\right) = \frac{3}{4} - 7 - 1 - \frac{1}{4} = -7\frac{1}{2}$;

mit dem ersten Fehler weitergerechnet würde sich $\frac{3}{4} - 7 - 1 + \frac{1}{4} = 1 - 8 = -7$ ergeben.

d) richtig: $[11{,}3 - (-4 - 23) + 1{,}7] + \frac{3}{2} \cdot \left(\frac{4}{9} - \frac{1}{3}\right) =$
$= [13 + 27] + \frac{3}{2} \cdot \frac{1}{9} = 40\frac{1}{6}$;

mit dem ersten Fehler weitergerechnet würde sich $[13 + 27] + \frac{3}{2} \cdot \frac{3}{6} = 40 + \frac{9}{12} = 40\frac{3}{4}$ ergeben.

ÜBUNG 28 **S. 55**

a) $(40 - 3) \cdot (-12) = -444$

b) $\left(\frac{4}{5} + \frac{7}{2}\right) \cdot (-30) = -129$

c) $[1{,}8 + (-100)] : (-2) = 49{,}1$

d) $\left(3 + \frac{1}{3}\right) \cdot (-3) = -10$

ÜBUNG 29 **S. 55**

a) Alle Rechnungen führen zu demselben Ergebnis, nämlich 8.
b) $[(x \cdot 2 + 8) \cdot 4 - 32] : x$
Vereinfacht man diesen Term, so erhält man: $(8 \cdot x) : x = 8$.

ÜBUNG 30 **S. 55**

a) $x = -3$; **b)** $x = -c$; **c)** $x = \frac{1}{2}$; **d)** $x = \frac{1}{c}$

ÜBUNG 31 **S. 57**

a) L = {19}; **b)** L = {18}; **c)** L = {89,2};
d) L = {56}; **e)** L = {–4}; **f)** L = {500};
g) L = {–4}; **h)** L = $\mathbb{Q}$, also alle rationalen Zahlen.

ÜBUNG 32 **S. 57**

a) $3 \cdot x = 54$; L = {18}
b) $2 \cdot x = -112$; L = {–56}
c) $5 \cdot x - 7 = 8$; L = {3}
d) $x^2 - 11 = 158$; L = {13}
e) $1 + x : 3 = -110$; L = {–333}

ÜBUNG 33 **S. 57**

a) x = Preis für Michaels Eintrittskarte;
$3 \cdot x + x = 12$, L = {3}
Also kostet Michaels Karte 3 €, die des Vaters 9 €.
b) $2 \cdot 9 + 3 \cdot 3 = 27$
Ja, es lohnt sich, eine Familienkarte zu nehmen, denn sie sparen mit der Familienkarte 7 €.

ÜBUNG 34 **S. 57**

a) Vier kleine Vögel wiegen so viel wie zwei große, also wiegt ein kleiner Vogel halb so viel wie ein großer.
b) Ein kleiner Vogel wiegt dann 135 g.

ÜBUNG 35 **S. 58**

a) G = $\mathbb{N}$; L = {3}
b) G = {1; 2; 3; 5; 6; 10; 15}; L = {5}
c) G = $\mathbb{Z}$; L = {23}
d) G = {1; 4; 9; 25; 36 ...}; L = {25}

ÜBUNG 36 **S. 58**

a) 2 Dosen wiegen so viel wie 4 Gewichte, also wiegt eine Dose so viel wie 2 Gewichte.
b) Eine Dose wiegt 350 g.
c) $2 \cdot d + 3 \cdot 175 = 7 \cdot 175$
d) L = {350}
e) Eine Dose wiegt dann 240 g.

ÜBUNG 37 **S. 58**

Rechnungen ohne Einheiten:
a) $27 \cdot 0{,}40 + 10 = 20{,}80$
Carsten muss 20,80 € zahlen.
b) $x \cdot 0{,}40 + 10 = 40{,}40$; L = {76}
Carsten hat also 76 Minuten telefoniert.
c) $76 \cdot 0{,}50 = 38$
Holger zahlt nur 38 € und damit weniger als Carsten.
d) $x \cdot 0{,}40 + 10 = x \cdot 0{,}50$; L = {100}
Wenn jeder 100 Minuten telefoniert, müssen beide den gleichen Betrag zahlen.
$10 = x \cdot 0{,}50$; L = {20}
Wenn Carsten gar nicht telefoniert, zahlt er trotzdem 10,– €. Dafür kann Holger 20 Minuten telefonieren.

Klassenarbeiten

AUFGABE 1 **S. 59**

a) $-\frac{17}{4} < -4{,}2 < 0{,}25$
b) $-101 < -100{,}1 < -99{,}9$
c) $-0{,}5 < 0 < |-0{,}75|$

AUFGABE 2 **S. 59**

a) −21; **b)** 18; **c)** −132; **d)** 1,3

AUFGABE 3 **S. 59**

a) −54; **b)** −30; **c)** $14\frac{1}{12}$; **d)** 7

AUFGABE 4 **S. 59**

a) $86 - 39 + 14 - 11 = 50$
b) $-4{,}8 + 3{,}5 - 3{,}2 + 6{,}5 = 2$
c) $-\frac{1}{2} + \frac{3}{5} + \frac{1}{4} + \frac{1}{5} - \frac{3}{8} = \frac{7}{40}$

AUFGABE 5 **S. 59**

a) L = {0; 1; 2; 3; 4; 5; 6; 7; 8; 9}
b) L = {−3; −2; −1; 0; 1; 2; 3}

AUFGABE 6 **S. 59**

a) $(-12) \cdot (-5) + (-12) \cdot (-12) = 204$
b) $-15 \cdot (14 + 6) = -300$

AUFGABE 7 **S. 59**

a) $-3105 < -315$; $-3{,}105 > -3{,}15$
b) $-3195 < -315$; $-3{,}195 < -3{,}15$

AUFGABE 8 **S. 59**

a) L = {7}; **b)** L = {12}; **c)** L = {18};
d) L = {0; 6}

AUFGABE 9 **S. 59**

a) Er befindet sich im 1. Kellergeschoss.
b) Sie muss 3 Stockwerke nach unten fahren.

AUFGABE 10 **S. 60**

a) −49; **b)** 1,1; **c)** $2\frac{11}{12}$; **d)** −8,2; **e)** $-\frac{19}{35}$; **f)** −88,2

AUFGABE 11 **S. 60**

Man addiert die Beträge und gibt dem Ergebnis das gemeinsame Vorzeichen.

AUFGABE 12 **S. 60**

L = {−4; −3; −2; −1; 0; 1; 2; 3; 4}

AUFGABE 13 **S. 60**

$x + (-73) = 23 \Rightarrow x = 73 + 23 = 96$

AUFGABE 14 **S. 60**

a) $25 - [8 - 200] = 217$

b) $-\frac{3}{8} \cdot (-24) + \frac{5}{12} \cdot (-24) = 9 - 10 = -1$

c) $-13 \cdot (57 + 143) = -13 \cdot 200 = -2600$

AUFGABE 15 **S. 60**

a) 39; **b)** −54

AUFGABE 16 **S. 60**

a) −134 € − 21,50 € = −155,50 €
Ingo hat nun 155,50 € Schulden.
b) −33,30 € + 53 € = 19,70 €
Uli hat nun ein Guthaben von 19,70 €.
c) x − 150 € = −23 € ⇒ x = 127 €
Moni hatte vorher 127 € auf dem Konto.

AUFGABE 17 **S. 61**

a) $-4{,}2 < -4{,}1 < -4{,}01$

b) $-\frac{3}{4} = -\frac{15}{20} < -\frac{11}{20} < \frac{1}{4}$

c) $|-0{,}75| > -\frac{3}{4}$

d) $-3{,}7 < \frac{11}{3}$

AUFGABE 18 **S. 61**

$[20 + (-50)] \cdot [20 - (-50)]$

AUFGABE 19 **S. 61**

$\frac{1}{6}$

AUFGABE 20 **S. 61**

a) 5; **b)** $-\frac{5}{12}$; **c)** $14\frac{1}{12}$; **d)** 7

AUFGABE 21 **S. 61**

$-\frac{13}{4} \cdot x = 1 \Rightarrow x = -\frac{4}{13}$

AUFGABE 22 **S. 61**

a) x = 14; **b)** x = −68; **c)** x = 8

4 Anwendungs- und Sachaufgaben

ÜBUNG 1 **S. 63**

a) Eine große Dose wiegt so viel wie zwei kleine Dosen. Also wiegt eine große Dose 200 g.
b) 2 · d + 3 · 100 g = 7 · 100 g
c) L = {200 g}
d) Eine große Dose wäre dann 300 g schwer.

ÜBUNG 2 **S. 63**

a)
$$\begin{aligned} 5 \cdot x + 12 &= 27 && |-12 \\ 5 \cdot x &= 15 && |:5 \\ x &= 3 \end{aligned}$$

b)
$$\begin{aligned} -9 \cdot x - 18{,}2 &= 13{,}3 && |+18{,}2 \\ -9 \cdot x &= 31{,}5 && |:(-9) \\ x &= -3{,}5 \end{aligned}$$

c)
$$\begin{aligned} \frac{3}{2} \cdot x - \frac{1}{4} &= 11\frac{3}{4} && |+\frac{1}{4} \\ \frac{3}{2} \cdot x &= 12 && |\cdot 2 \\ 3x &= 24 && |:3 \\ x &= 8 \end{aligned}$$

d)
$$\begin{aligned} -2x - 4x + 17 &= x - 4 && |-17 \\ -6x &= x - 21 && |-x \\ -7x &= -21 && |:(-7) \\ x &= 3 \end{aligned}$$

ÜBUNG 3 **S. 63**

a) L = {11}; **b)** L = {6,75}; **c)** L = {28};
d) L = {7}; **e)** L = $\{41,\overline{6}\}$; **f)** L = {7832}

ÜBUNG 4 **S. 63**

a) 14 Leuchtstäbe werden benötigt.
b)

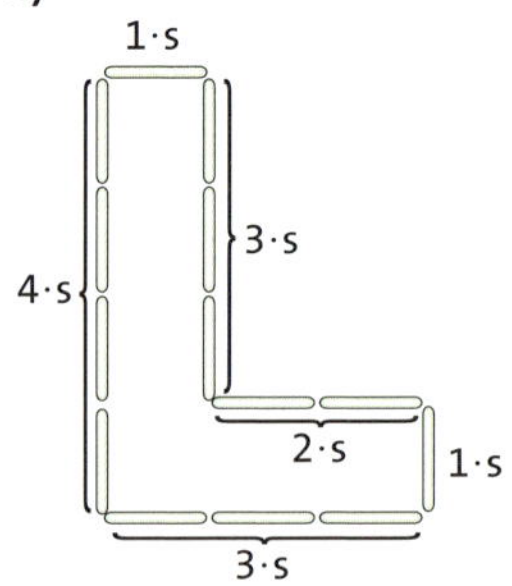

c) $U = 14 \cdot s$
d) Wenn s = 10 cm, dann U = 140 cm.
Wenn s = 20 cm, dann U = 280 cm.
Wenn s = 14 cm, dann U = 196 cm.

ÜBUNG 5 **S. 64**
a) Wenn s = 10 cm, dann U = 200 cm.
Wenn s = 20 cm, dann U = 380 cm.
b) $U = 18 \cdot s + 20$
c) Wenn s = 14 cm, dann U = 272 cm.

ÜBUNG 6 **S. 64**
a) Es dauert 18 Minuten.
b) Es dauert 18,2 Minuten, also 18 Minuten und 12 Sekunden.

ÜBUNG 7 **S. 64**
a) Er muss 10 ct pro Ei verlangen.
b) Er muss 12 ct pro Ei verlangen.
c) Er muss 15 ct pro Ei verlangen.

ÜBUNG 8 **S. 64**
a) Die Gleichung liefert für alle Zahlen aus $\mathbb{Q}$ eine wahre Aussage.
b) Alle eingesetzten Zahlen sind Lösungen der Gleichung.
c) Die Vereinfachung ergibt: $12 + 3x = 12 + 3x$. Die Terme auf beiden Seiten der Gleichung sind gleichwertig.

ÜBUNG 9 **S. 64**
a)
$$21 + 5 \cdot x = 56 \quad | -21$$
$$5 \cdot x = 35 \quad | :5$$
$$x = 7$$
$$21 + 5 \cdot 7 = 56$$
b)
$$4 \cdot x - 13 = -1 \quad | +13$$
$$4 \cdot x = 12 \quad | :4$$
$$x = 3$$
$$4 \cdot 3 - 13 = -1$$

ÜBUNG 10 **S. 65**
a) $L = \{\ \}$; **b)** $L = \{-6\frac{7}{8}\}$; **c)** $L = \mathbb{Q}$

ÜBUNG 11 **S. 65**
a) Sie muss 22,54 € zahlen, wenn sie 4 Stunden und 44 Minuten im Internet war.
b) Sie war 430 Minuten im Internet.
c) Timo würde mit Christinas Vertrag im 1. Monat 29,50 €, im 2. Monat 21,70 € zahlen, also wäre ihr Vertrag besser geeignet.

ÜBUNG 12 **S. 67**
10 000 → 9999; 9910 → 9909;
1001 → 1000; 1000 → 999; 9010 → 9009

ÜBUNG 13 **S. 67**
a) Es wurde eine Umfrage nach der Augenfarbe (blau, grün, braun) durchgeführt. Jeder Augenfarbe wird die Anzahl der Personen mit dieser Augenfarbe zugeordnet.
b)

Augenfarbe	Strichliste	Anzahl
Blau	~~IIII~~ III	8
Grün	III	3
Braun	~~IIII~~ IIII	9

c) Der Begriff lautet „absolute Häufigkeit".
d) Braun kommt am häufigsten vor, Grün am seltensten.
e) + f) Relative Häufigkeit
Blau: 0,4 = 40 %
Grün: 0,15 = 15 %
Braun: 0,45 = 45 %
15 % der Befragten haben grüne Augen.

ÜBUNG 14 **S. 67**
a) + b)

1	2	3	5	9	10	**5**
1	4	9	25	81	100	**$36\frac{2}{3}$**

ÜBUNG 15 **S. 67**
a) $\frac{13}{36}$; **b)** –4 liegt genau in der Mitte von –6 und –2; **c)** $-\frac{1}{6}$

ÜBUNG 16 **S. 68**

	Radio	kein Radio	Summe
TV	100	30	130
kein TV	150	40	190
Summe	250	70	320

100 Schüler haben sowohl einen Fernseher als auch ein Radio.

ÜBUNG 17 **S. 68**

a)	Deutsch	kein Deutsch	Summe
Englisch	65	7	72
kein Englisch	20	8	28
Summe	85	15	100

b) 8 Teilnehmer sprechen weder Deutsch noch Englisch.
c) 15 Pfadfinder sprechen kein Deutsch.
d) 7 sprechen Englisch, aber kein Deutsch.
e) Das Diagramm zeigt die Anzahl der Deutsch sprechenden Pfadfinder, die Englisch (65) bzw. kein Englisch (20) können.

ÜBUNG 18 **S. 70**

a), b), e) direkt proportionale Zuordnung;
c), d), f) indirekt proportionale Zuordnung

ÜBUNG 19 **S. 70**

a) auf beiden Seiten durch 50 dividiert, dann mit 150 multipliziert.

b) **5 Liter → x €**

:3 3 Liter → 4,95 € :3
·5 1 Liter → 1,65 € ·5
5 Liter → 8,25 €

c) Linke Seite: dividiert durch 20, dann multipliziert mit 25; rechte Seite: multipliziert mit 20, dann dividiert durch 25.

d) **3 Maler → x h**

:2 2 Maler → 6 h ·2
·3 1 Maler → 12 h :3
3 Maler → 4 h

e) Sieben Brötchen kosten 1,75 €.
f) Es reicht für 4,5 Tage.

ÜBUNG 20 **S. 71**

Nun muss sie 9,90 € für 6 Liter bezahlen.

ÜBUNG 21 **S. 71**

a) Sie bekommt 16,50 €.
b) Der Bericht war 55 Zeilen lang.
c) Sie hätte damals 9,35 € bekommen.

ÜBUNG 22 **S. 71**

a) Die Fahrt dauert 13,5 Stunden.
b) Die durchschnittliche Geschwindigkeit betrug 75,6 km/h.

ÜBUNG 23 **S. 72**

Die Rechnung ergibt 10,5. Also müssen 11 Dosen vorhanden sein.

ÜBUNG 24 **S. 72**

a) Die Vorräte reichen für 12 Tage.
b) 18 Pfadfinder dürften mitfahren.

ÜBUNG 25 **S. 72**

Er käme 441 km weit.

ÜBUNG 26 **S. 74**

3,5 %	von	276 €	sind	9,66 €
Prozent-satz		Grund-wert		Prozent-wert
p %		G		W

ÜBUNG 27 **S. 74**

$\frac{1}{4}$	$\frac{1}{10}$	$\frac{3}{8}$	$\frac{3}{5}$	$\frac{1}{200}$	$\frac{1}{3}$
$\frac{25}{100}$	$\frac{10}{100}$	$\frac{\frac{75}{2}}{100}$	$\frac{60}{100}$	$\frac{\frac{1}{2}}{100}$	$\frac{\frac{100}{3}}{100}$
0,25	0,1	0,375	0,6	0,005	$0,\overline{3}$
25 %	10 %	37,5 %	60 %	0,5 %	$33,\overline{3}$ %

ÜBUNG 28 **S. 74**

linke Spalte: 7,5; 24; 6; 0,6;
rechte Spalte: 4,8; 10,08; 400; 33

ÜBUNG 29 **S. 75**

a) 28; **b)** 25; **c)** 644,9; **d)** 50; **e)** 1000;
f) 2 220 000

ÜBUNG 30 **S. 75**

In der 6 a haben 32 % der Schüler mit der Note „gut“ abgeschnitten, in der 6 b nur 30 %. Also hat in der 6 a ein größerer Anteil der Schüler mit „gut“ abgeschnitten.

ÜBUNG 31 **S. 75**

Er muss 83,16 € bezahlen.

ÜBUNG 32 **S. 75**

Die Mehrwertsteuer beträgt 51,30 €.

ÜBUNG 33 S. 75

a) + b)

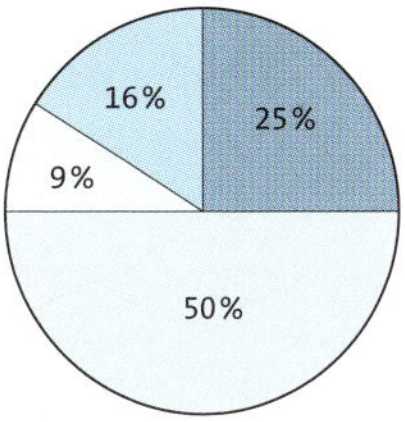

ÜBUNG 34 S. 75

a) Kleist-Schule:

Fahrrad	Bus	zu Fuß	gesamt
340	155	105	600
$56,\overline{6}$ %	$25,8\overline{3}$ %	17,5 %	100 %

Kafka-Schule:

Fahrrad	Bus	zu Fuß	gesamt
115	75	110	300
$38,\overline{3}$ %	25 %	$36,\overline{6}$ %	100 %

b) Kleist-Schule

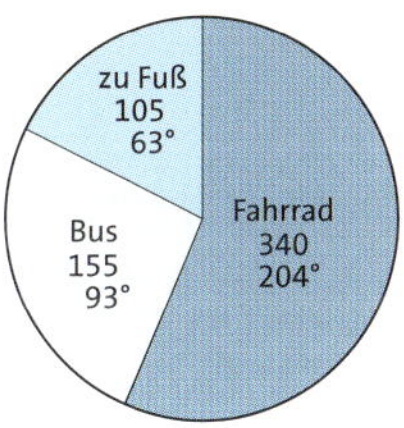

Kafka-Schule

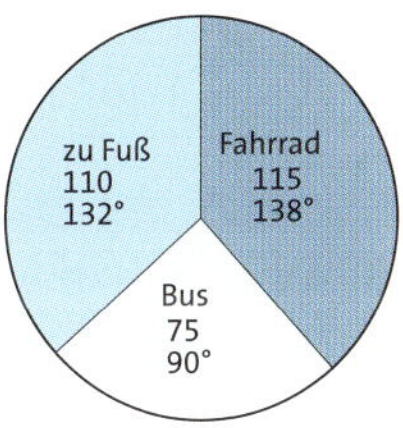

ÜBUNG 35 S. 76

Man bekommt 13,50 €.

ÜBUNG 36 S. 76

a) Er hat 11 % Gewinn erzielt.
b) Er hätte 1200 € Zinsen bekommen.
c) Er hat 20 000 € angelegt.

ÜBUNG 37 S. 76

Er bekommt 333,33 € pro Tag.
In einer Woche bekommt er 2333,33 €;
in einem Vierteljahr 30 000 €.
Es dauert 99 Tage.

ÜBUNG 38 S. 78

a)

Größe	Strichliste	abs. H.	rel. H. in %
131–140 cm	|||	3	15 %
141–150 cm	𝍸 𝍸	10	50 %
151–160 cm	𝍸 ||	7	35 %
gesamt	𝍸 𝍸 𝍸 𝍸	20	100 %

b) 20 Schüler haben an der Befragung teilgenommen.

c) + d)

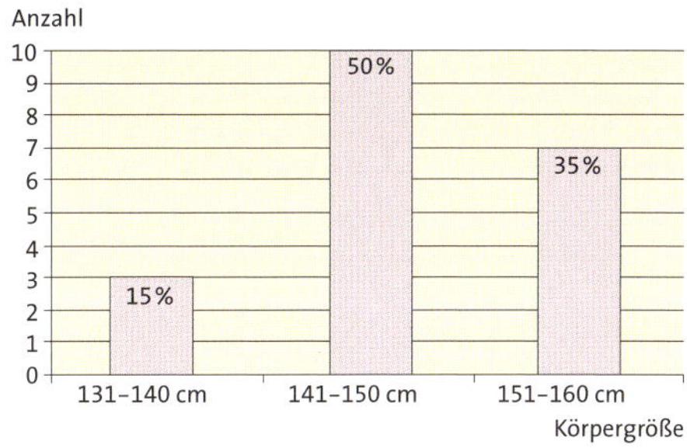

e)

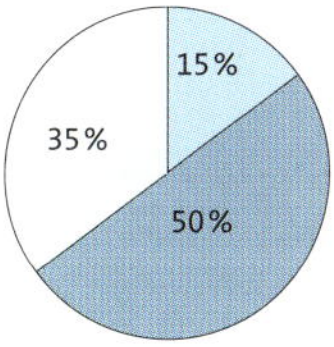

f) 15 % entsprechen 54°; 50 % entsprechen 180°; 35 % entsprechen 126°.

ÜBUNG 39 S. 78

a)

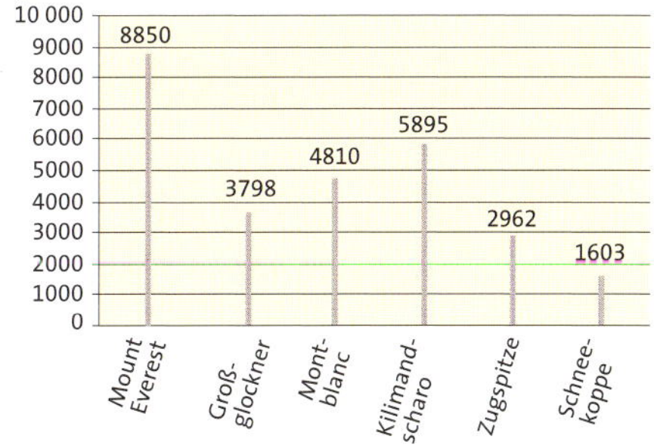

b) Ein Kreisdiagramm ist ungeeignet, weil die Höhen der Berge keine Anteile eines Ganzen darstellen.
c) Die durchschnittliche Höhe beträgt 4653 m.

ÜBUNG 40 **S. 79**

a)
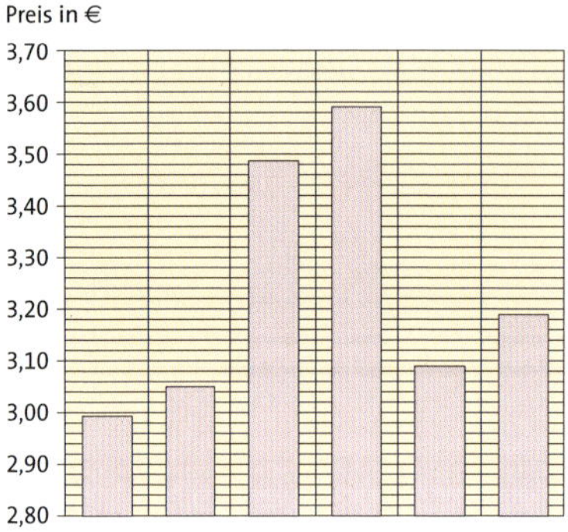

b) Die Differenz beträgt 60 ct.
c) Sie spart 1,80 €.
d) Der Durchschnitt der Preise ist 3,23 €.

ÜBUNG 41 **S. 79**

a)

Monat	1	2	3	4	5	6	7	8	9	10	11	12
Geburtstags-kinder	3	0	4	5	3	3	2	6	1	0	2	1

b) 30 Kinder gehören zu dieser Klasse.
c) Im August haben die meisten Kinder Geburtstag (6); im Februar und Oktober die wenigsten (0).
d)
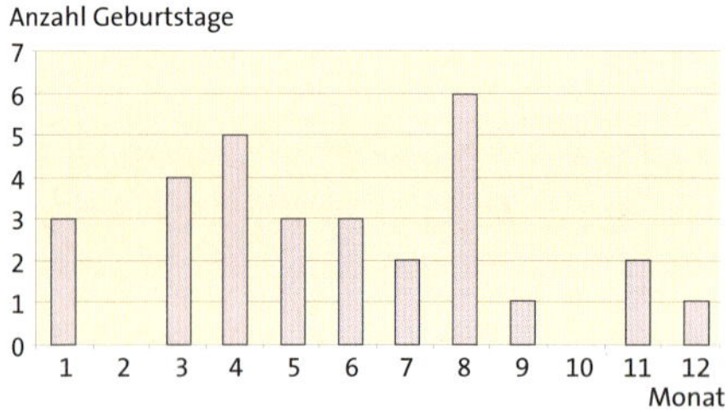

e) 40 % der Kinder haben im Sommer Geburtstag.

ÜBUNG 42 **S. 80**

a)
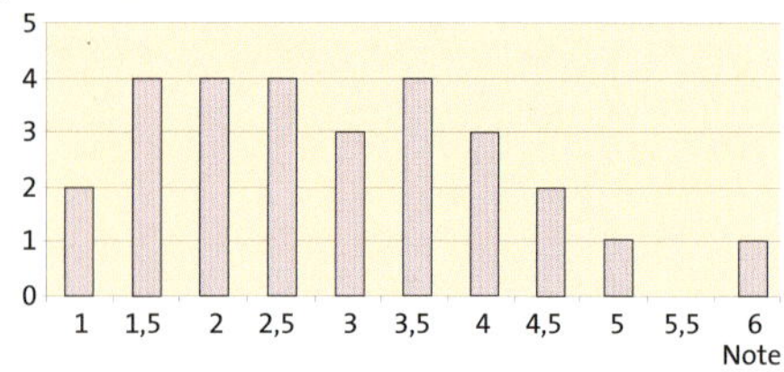

b) Der Notendurchschnitt liegt bei 2,89.
c) 35,7 % haben mit der Note 2 oder besser abgeschnitten.
d) 64,3 % haben schlechter als mit Note 2 abgeschnitten.

ÜBUNG 43 **S. 80**

a)
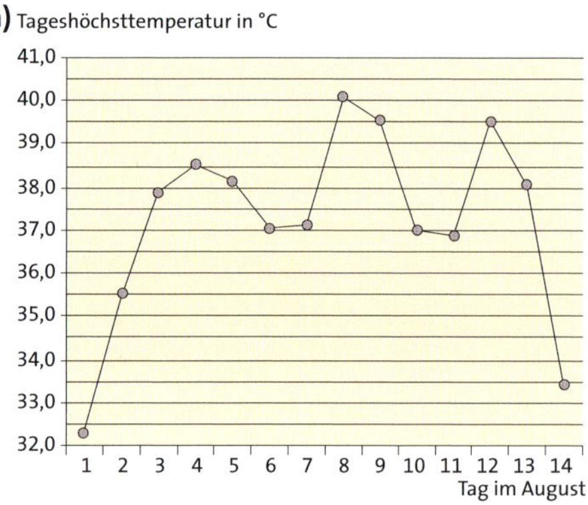

b) Der 8. August war der heißeste, der 1. August war der kühlste Tag.
c) Vom 13. auf den 14. August fiel die Temperatur um 4,7 °C.

Klassenarbeiten

AUFGABE 1 **S. 81**

a) 75 %; **b)** 20 %; **c)** 60 %

AUFGABE 2 **S. 81**

90 kg → 270 €
12 kg → 36 €
50 kg → 150 €

AUFGABE 3 **S. 81**
a) um 50 %; **b)** um 20 %

AUFGABE 4 **S. 81**
a) p % = 2,5 %; **b)** G = 1100; **c)** W = 60,5

AUFGABE 5 **S. 81**
a) Man bekommt 132,48 sFr für 92 €.
b) Man muss 250 € umtauschen, um 360 sFr zu bekommen.

AUFGABE 6 **S. 81**
a) Die größere Verpackung ist günstiger, denn beim 1,5-kg-Sack kostet ein Kilogramm 50 ct, beim 5-kg-Sack kostet es 45 ct.
b) Sie muss 3,75 € zahlen.
c) Nein, sie zahlt im Geschäft etwa 47 ct pro Kilogramm.

AUFGABE 7 **S. 82**
7 Monitore müssen ausgetauscht werden.

AUFGABE 8 **S. 82**
a) Durchschnittlich werden pro Kopf 150 l pro Tag verbraucht.
b) $36,\overline{6}$ % entfallen auf Körperpflege mit Baden und Duschen.
c)
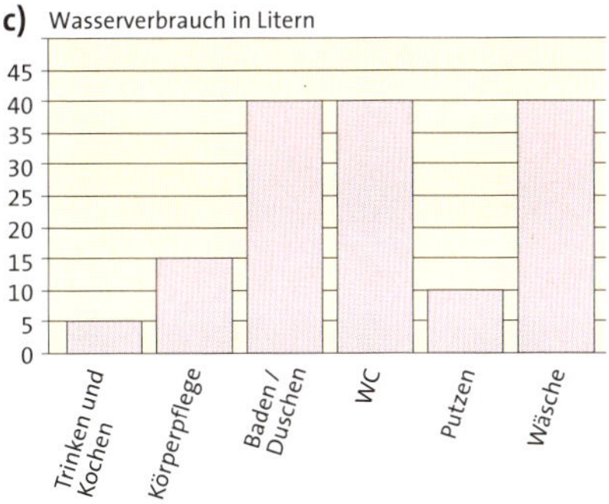

d) + e)
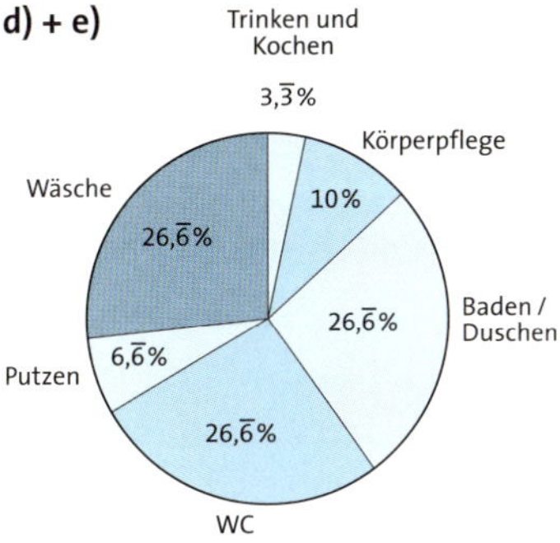

AUFGABE 9 **S. 83**
$0{,}4 = \frac{4}{10} = 40\ \% = 0{,}40 = \frac{2}{5}$

AUFGABE 10 **S. 83**
Nein, sie hat nicht recht. Der um 50 % reduzierte Preis wurde um 50 % reduziert, d. h., es sind noch $0{,}5 \cdot 0{,}5 = 0{,}25 = 25$ % des Originalpreises zu zahlen.

AUFGABE 11 **S. 83**
a) In einer Stunde verbraucht er 4,5 l.
b) Für drei Rasenflächen benötigt er 2 h.
c) Zu viert dauerte es 10 Minuten.
d) Zu dritt hätten sie 40 Minuten gebraucht.

AUFGABE 12 **S. 83**
a) Er müsste sechs Gegentore kassiert haben.
b) $\frac{22}{25} = 88$ %, d. h., er hatte einen guten Tag.

AUFGABE 13 **S. 84**
die Donau; 2900 km; die Spree, 380 km; 155 km; fünf; alphabetisch.

AUFGABE 14 **S. 84**
U = 16 t

AUFGABE 15 **S. 84**
a) $3{,}5\ \text{m} \cdot 0{,}4\ \text{m} = 1{,}4\ \text{m}^2$
Die Fläche ist $1{,}4\ \text{m}^2$ groß.
b) $1{,}4\ \text{m}^2 \cdot 0{,}015\ \text{m} = 0{,}021\ \text{m}^3 = 21\ \text{l}$
Er benötigt 21 Liter.
c) Rechnung ohne Einheiten:
$1{,}8 \cdot 1{,}4 \cdot 15 = 37{,}8$
Er muss ca. 38 kg kaufen.

AUFGABE 16 **S. 85**

x = –175

AUFGABE 17 **S. 85**

a) Das Land befindet sich 2420 m unter NN.

b) Etwa 330 000 km² sind eisfrei.

AUFGABE 18 **S. 85**

a) Er musste 344-mal schießen.

b) Seine Trefferquote ist 40 %, also besser.

AUFGABE 19 **S. 85**

a) $\left[[3 + (-5)] \cdot \frac{1}{2} - 3\right] : (-2) = 2$

b) $\left[[x + (-5)] \cdot \frac{1}{2} - 3\right] : (-2)$

c) $\left[[-3 + (-5)] \cdot \frac{1}{2} - 3\right] : (-2) = 3\frac{1}{2}$

AUFGABE 20 **S. 85**

a) 37,5 mph; **b)** 128 km/h

AUFGABE 21 **S. 85**

Drei Pumpen benötigten acht Stunden.

AUFGABE 22 **S. 86**

a)

Geschwindigkeit	Reisedauer
5 km/h	20 h
10 km/h	10 h
50 km/h	2 h
100 km/h	1 h
150 km/h	$\frac{2}{3}$ h
200 km/h	$\frac{1}{2}$ h

b)

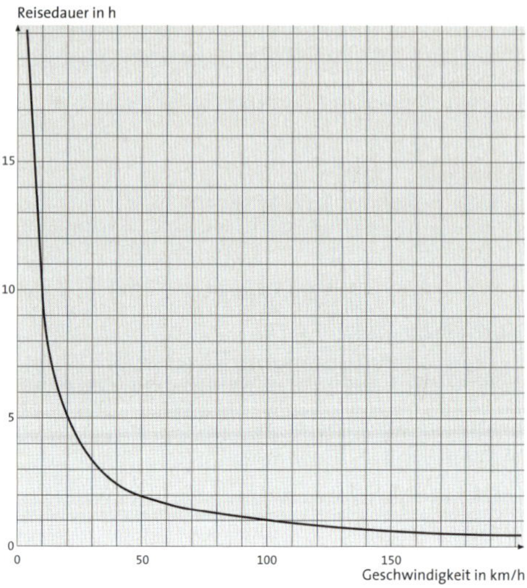

c) Bei 75 km/h benötigt man $1\frac{1}{3}$ h = 1 h 20 min.

5 Winkel und Kreise

ÜBUNG 1 **S. 88**

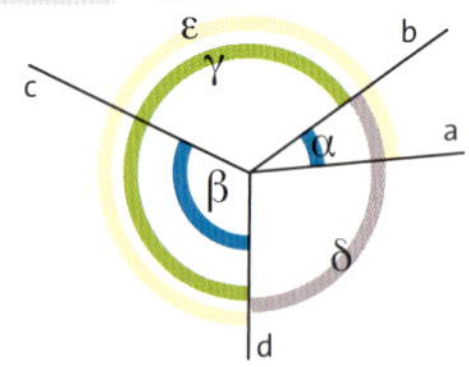

ÜBUNG 2 **S. 88**

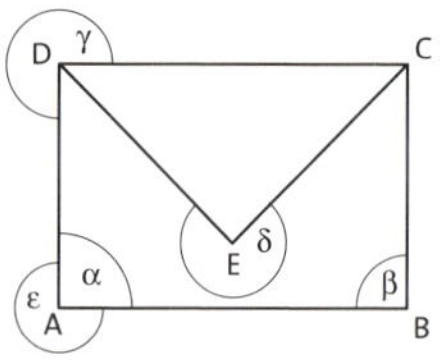

ÜBUNG 3 **S. 88**

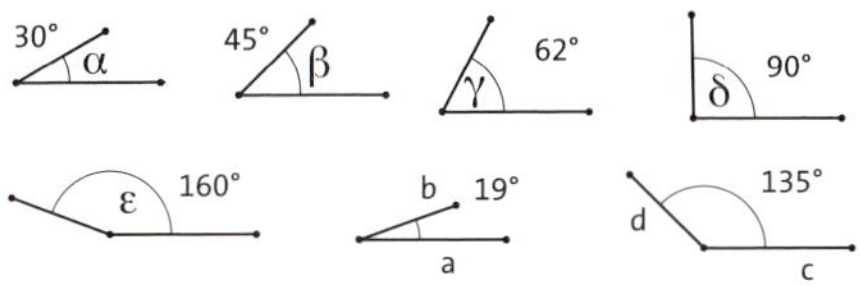

ÜBUNG 4 **S. 88**

a)

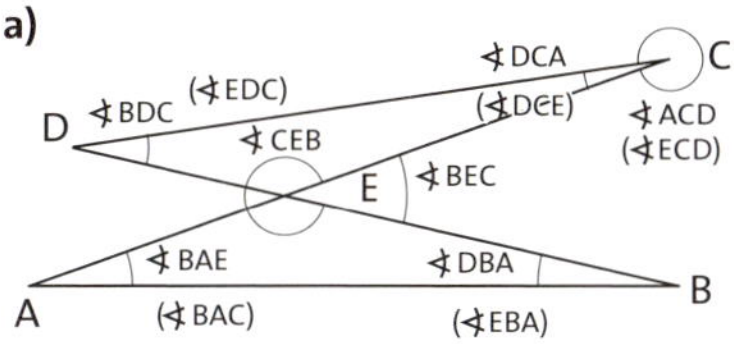

b)

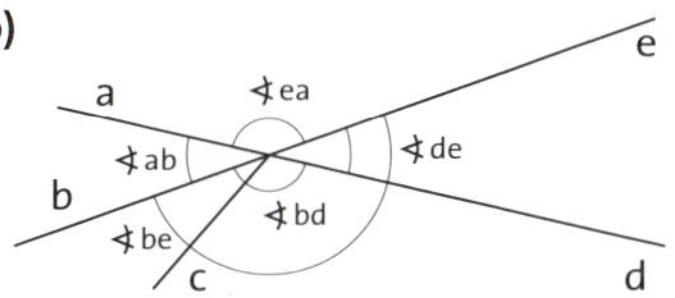

ÜBUNG 5 **S. 88**

a) 180°; **b)** 90° oder 270°; **c)** 0°; **d)** 30° oder 330°; **e)** 120° oder 240°; **f)** 150° oder 210°

ÜBUNG 6 **S. 89**

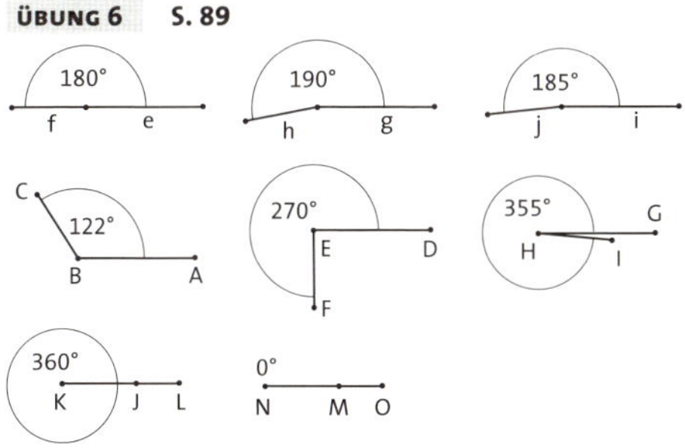

ÜBUNG 7 **S. 89**

$\alpha = 45°$; $\beta = 120°$; $\gamma = 200°$; $\delta = 330°$

ÜBUNG 8 **S. 89**

a)

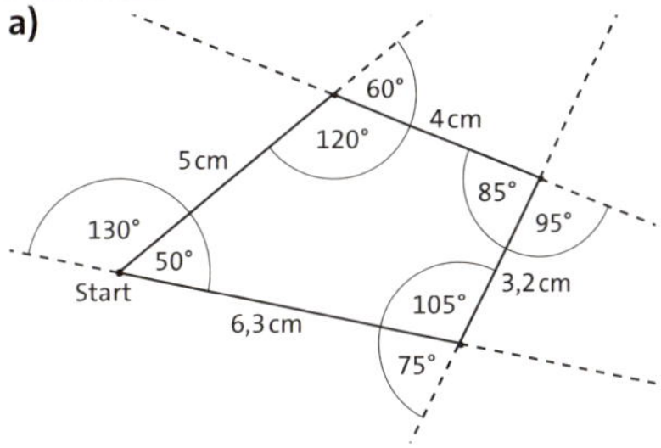

b) Willi befindet sich an seinem Startpunkt.
c) Er müsste sich um 130° nach rechts drehen.
d) Insgesamt hat er sich um 360° gedreht.

ÜBUNG 9 **S. 91**

α: spitzer Winkel; β: überstumpfer Winkel; γ: überstumpfer Winkel; δ: stumpfer Winkel

ÜBUNG 10 **S. 91**

a)

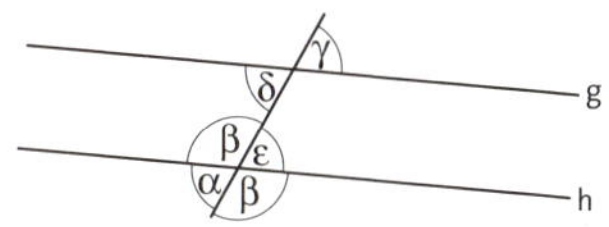

b) Gleich groß sind jeweils ε und α (Scheitelwinkel); ε und γ (Stufenwinkel an Parallelen); ε und δ (Wechselwinkel an Parallelen); δ und γ (Scheitelwinkel).

ÜBUNG 11 **S. 91**

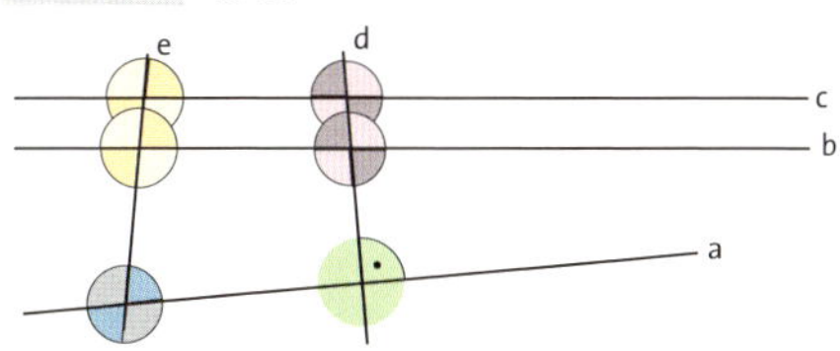

ÜBUNG 12 **S. 91**

a) $\alpha = 34°$; $\beta = 34°$; **b)** $\alpha = 100°$; $\beta = 80°$; **c)** $\alpha = 145°$; $\beta = 35°$; **d)** $\alpha = 120°$; $\beta = 60°$

ÜBUNG 13 **S. 91**

In einer Minute überstreicht der Minutenzeiger einen Winkel von $360° : 60 = 6°$.
a) 120° ($= 20 \cdot 6°$); **b)** 78° ($= 13 \cdot 6°$); **c)** 492° ($= 82 \cdot 6°$); **d)** 900° ($= 150 \cdot 6°$)

ÜBUNG 14 **S. 92**

a) $\beta = 130°$ (Nebenwinkel zu α)

b)

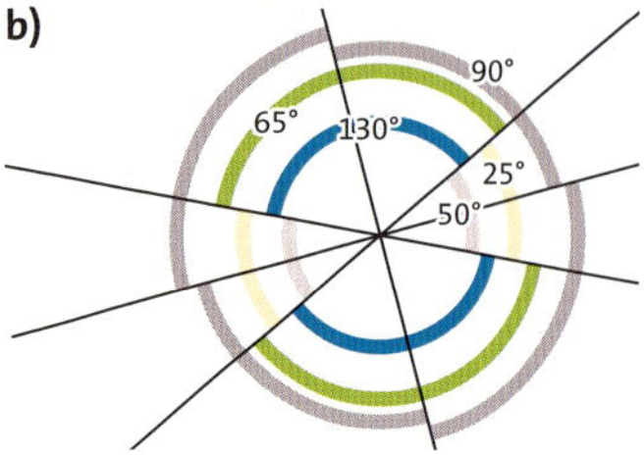

ÜBUNG 15 **S. 92**

a) $\alpha = 60°$ ($\alpha + 90° + 30° = 180°$);
$\beta = 60°$ (α und β Stufenwinkel an Parallelen);
$\gamma = 150°$ (γ Stufenwinkel zu $\alpha + 90°$ an Parallelen)
b) $\alpha = 45°$ (Hälfte von rechtem Winkel);
$\beta = 22{,}5°$ (Viertel von rechtem Winkel);
$\gamma = 22{,}5°$ (Scheitelwinkel zu β)

ÜBUNG 16 **S. 92**

β ist der Nebenwinkel zum Stufenwinkel von α. Da die Geraden parallel sind, ist dieser Stufenwinkel genau so groß wie α, und damit gilt $\alpha + \beta = 180°$.

ÜBUNG 17 **S. 94**

a)

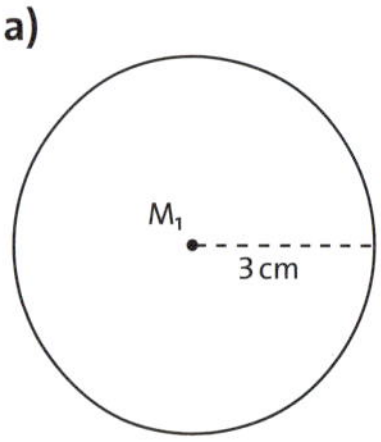

b)

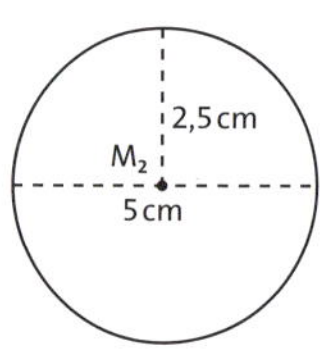

ÜBUNG 18 **S. 94**

a) Sie liegen auf der Kreislinie.
b) Diese Punkte liegen innerhalb des Kreises.

a)

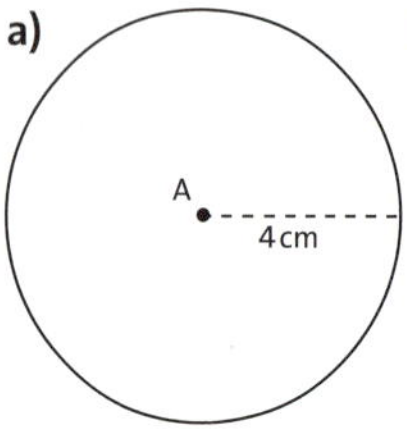

b)

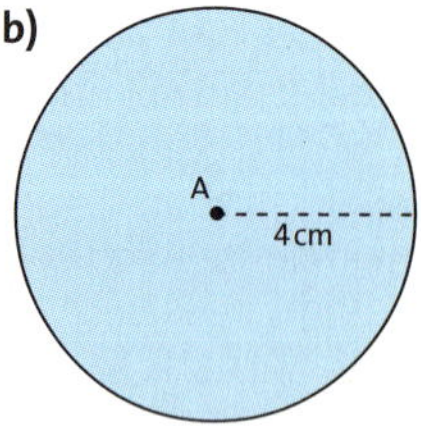

ÜBUNG 20 **S. 94**

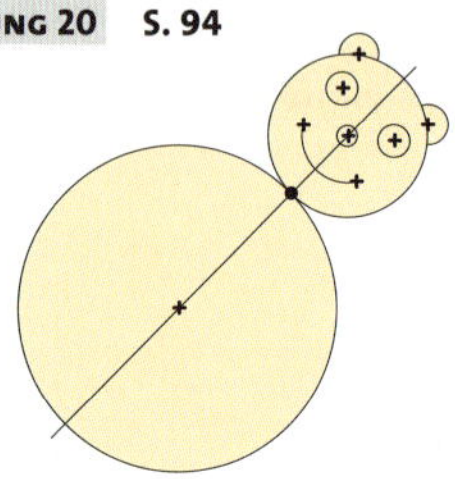

ÜBUNG 21 **S. 94**

a)

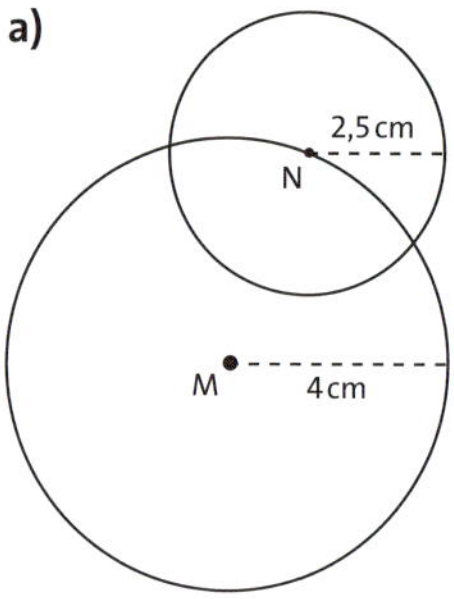

b)

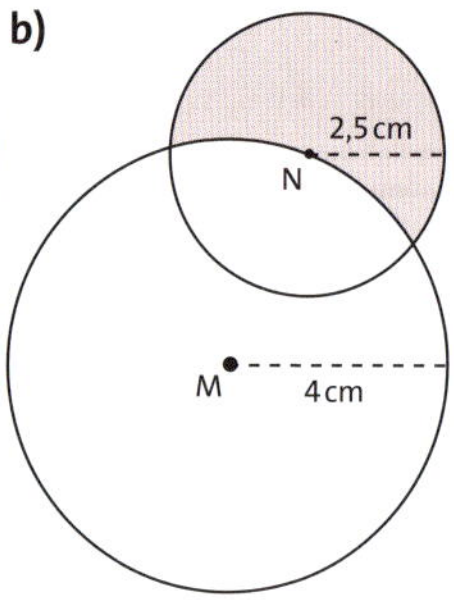

c)

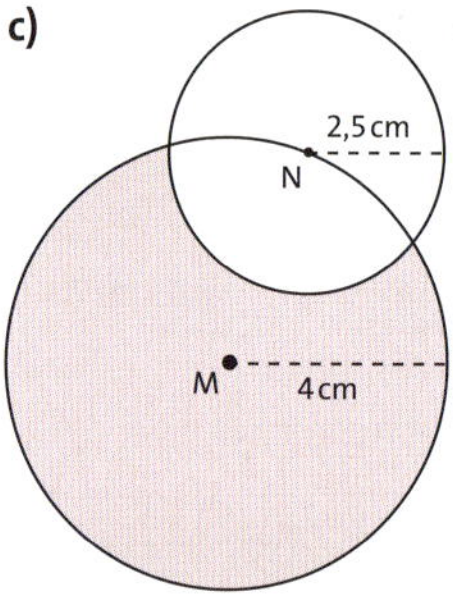

d)

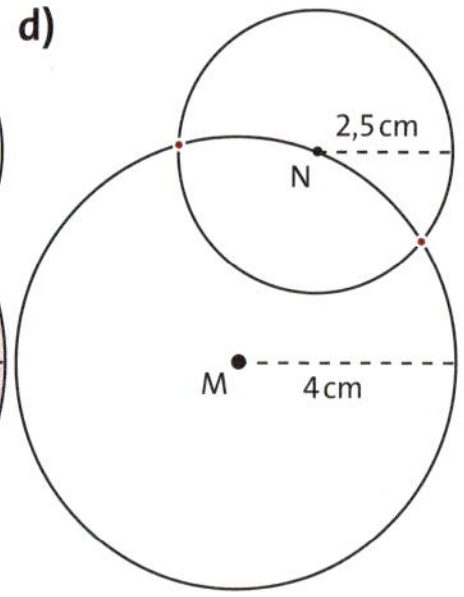

e) + f)

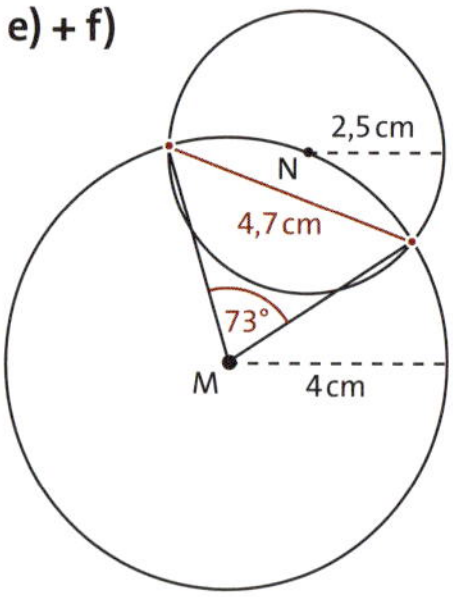

ÜBUNG 22 **S. 95**

a) Ein Kreis kann im anderen liegen und beide haben denselben Mittelpunkt.

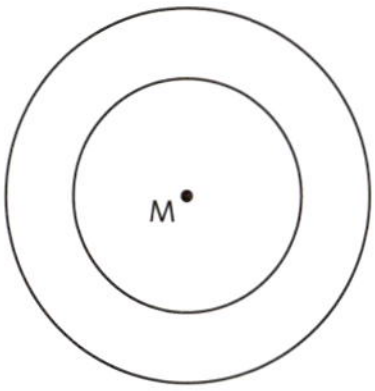

b) Ein Kreis kann im anderen liegen und beide haben unterschiedliche Mittelpunkte.
c) Sie können getrennt nebeneinanderliegen.

b)

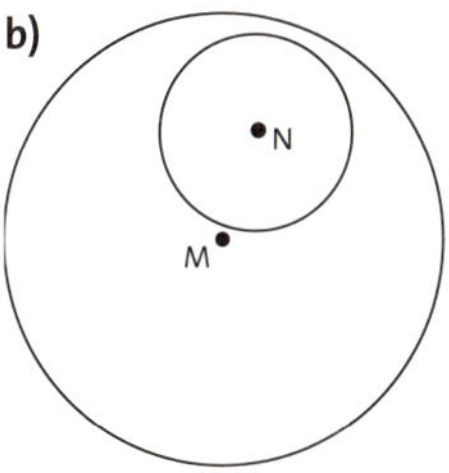

c)

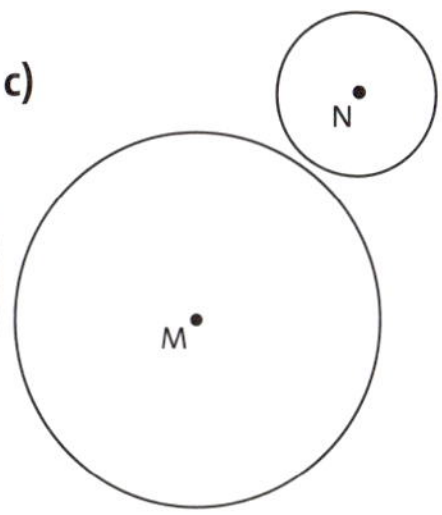

ÜBUNG 23 **S. 95**

b) Nein, das genügt nicht. Um ganz sicher zu gehen, muss man 10 m Abstand halten.
c) Man sollte 18 m Abstand halten.

a)

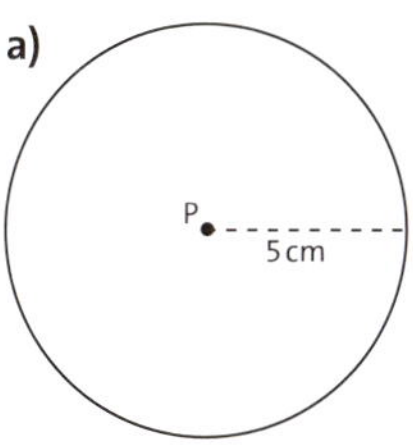

b)

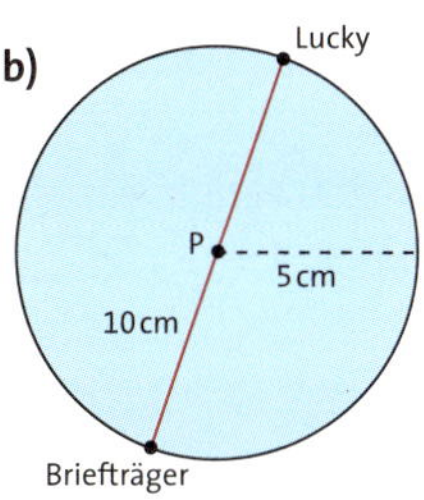

c)

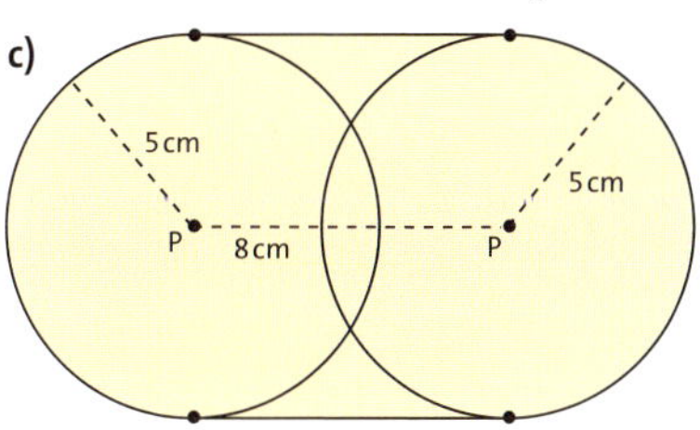

ÜBUNG 24 **S. 95**

a) Der Schieber kann maximal 4 cm bewegt werden.
b) Der Gummistreifen muss 12,6 cm lang sein.

Klassenarbeiten

AUFGABE 1 **S. 96**

a) **b)** **c)** **d)**

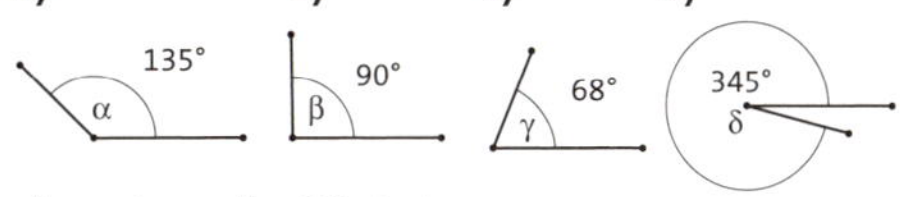

a) α: stumpfer Winkel
b) β: rechter Winkel
c) γ: spitzer Winkel
d) δ: überstumpfer Winkel

AUFGABE 2 **S. 96**

a) Wahr: Wechselwinkel an Parallelen sind gleich groß.
b) Falsch: g_1 und g_2 sind nicht parallel.
c) Falsch: g_1 und g_2 sind nicht parallel.
d) Wahr: Scheitelwinkel sind gleich groß.
e) Wahr: Stufenwinkel an Parallelen sind gleich groß.

AUFGABE 3 **S. 96**

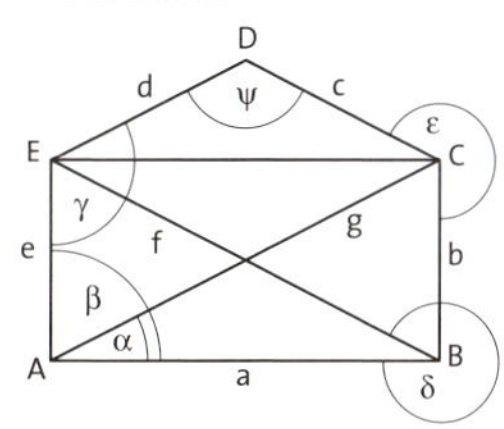

AUFGABE 4 **S. 96**

α = β = 45° (α und β sind zusammen Nebenwinkel zu einem rechten Winkel und entstehen durch die Winkelhalbierende dieses Nebenwinkels);
γ = 135° (Nebenwinkel zu α);
δ = 135° (Wechselwinkel zu γ an Parallelen);
anders begründet: δ = 135° = 90° + β.

AUFGABE 5 **S. 96**

a) Er überstreicht 108°.
b) Er braucht 2 Minuten. Vgl. Übung 13, S. 91

AUFGABE 6 **S. 97**

a)

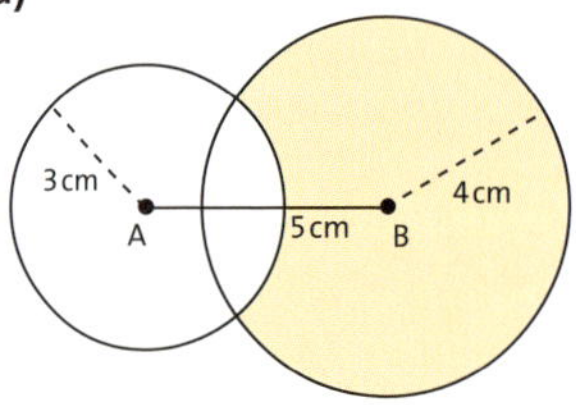

b)

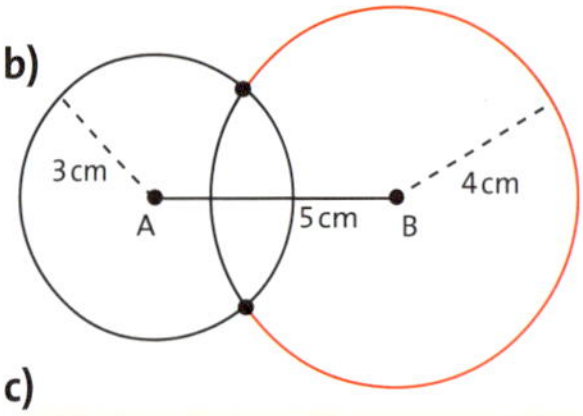

c)

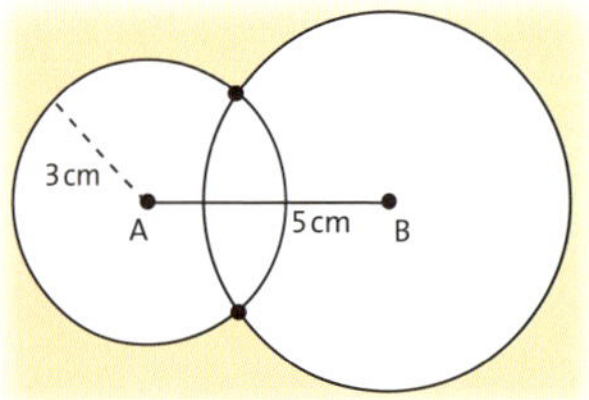

d)

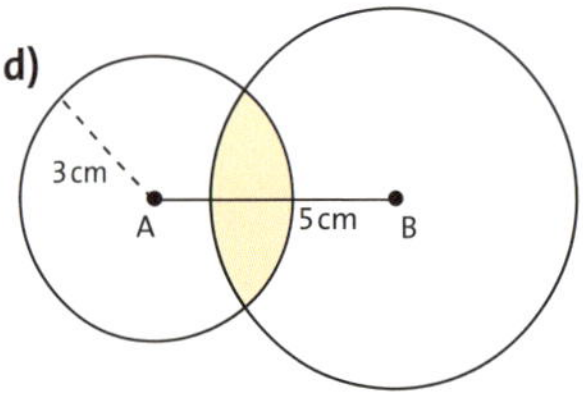

AUFGABE 7 **S. 97**

a) $\alpha = 72°$; $\beta = 108°$
b) $\alpha = 110°$; $\beta = 70°$
c) $\alpha = 60°$; $\beta = 120°$

AUFGABE 8 **S. 97**

a) + b)

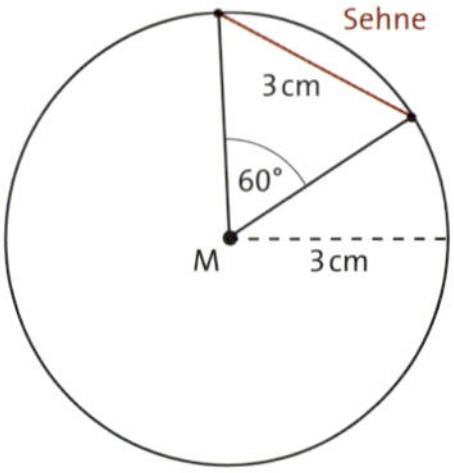

c) Der Kreisbogen ist π cm ≈ 3,142 cm lang.

AUFGABE 9 **S. 97**

a) 4 gemeinsame Punkte **b)** 8 gemeinsame Punkte

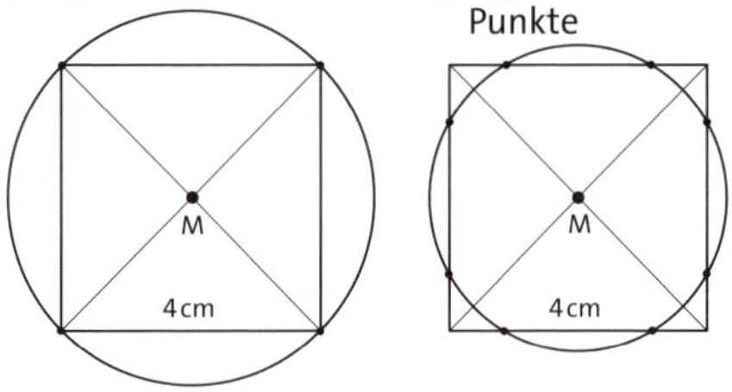

c) keinen gemeinsamen Punkt

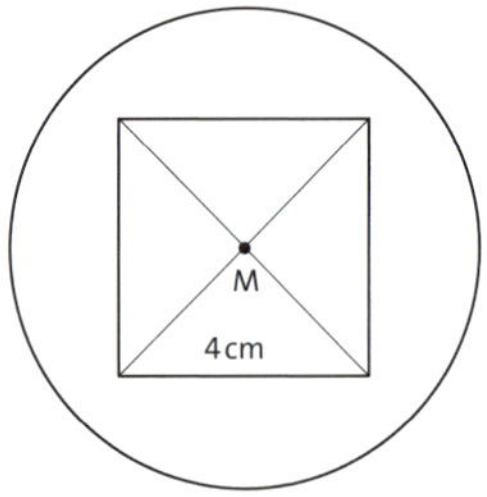

AUFGABE 10 **S. 97**

a) Der Radius kann höchstens 25 cm betragen.

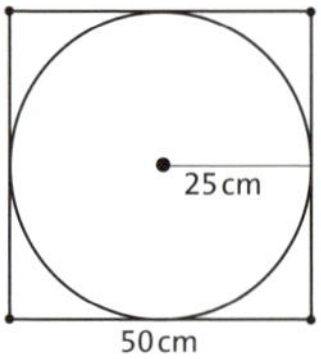

b) Die Zeiger schließen einen Winkel von 60° ein.
c) Der Stundenzeiger steht genau zwischen der 3 und der 4, es ist also 3.30 Uhr.
d) Der Umfang beträgt 157,1 cm.

AUFGABE 11 **S. 98**

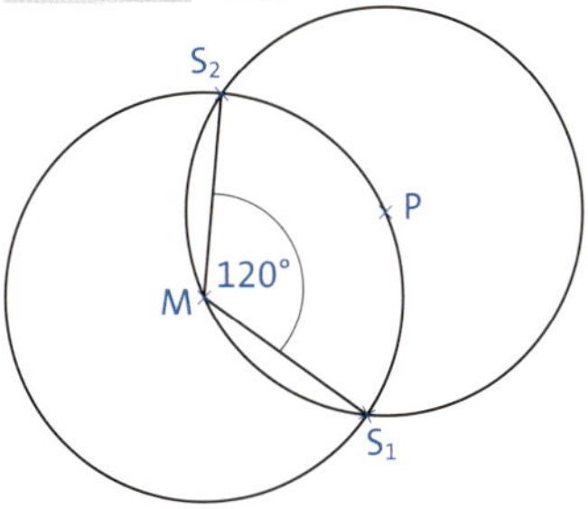

Sie bilden einen Winkel von 120°.

AUFGABE 12 **S. 98**

a) – c)

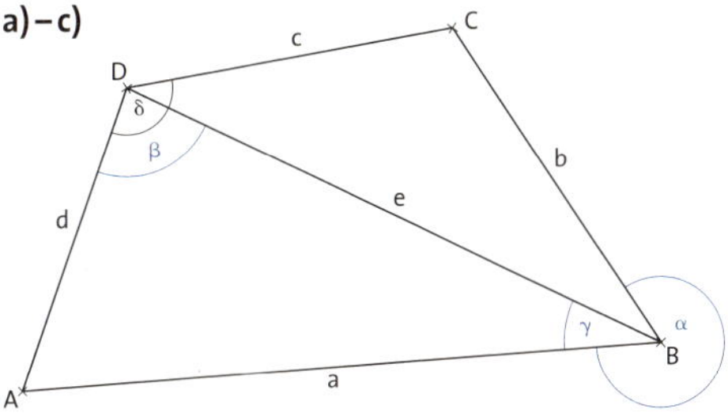

AUFGABE 13 **S. 98**

a) ∢ dc; **b)** ∢ ADC

AUFGABE 14 **S. 98**

β und γ sind spitze Winkel, α ist ein überstumpfer und δ ein stumpfer Winkel.

AUFGABE 15 **S. 98**

Die Laterne ist 4,20 m hoch.

AUFGABE 16 **S. 99**

a) – c)

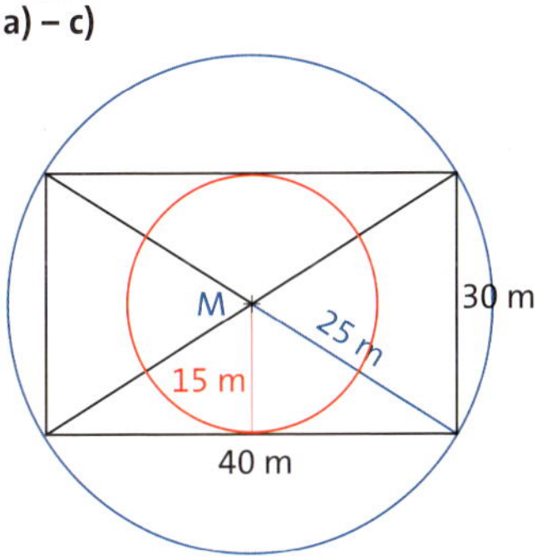

a) Der Strahl muss 25 m weit spritzen.

b) Er muss ihn auf 15 m Reichweite einstellen.

c) $A = 30 \cdot 40\ m^2 - \pi \cdot 15^2\ m^2 \approx 493\ m^2$

AUFGABE 17 **S. 99**

a) Er überstreicht einen Winkel von 150°.

b) In vier Stunden.

c) Der kleinere Winkel hat eine Weite von 120°, der größere von 240°.

d) ∢ ms

e) Dann ist es 10 Uhr.

f) Es sind 70 Minuten vergangen.

AUFGABE 18 **S. 99**

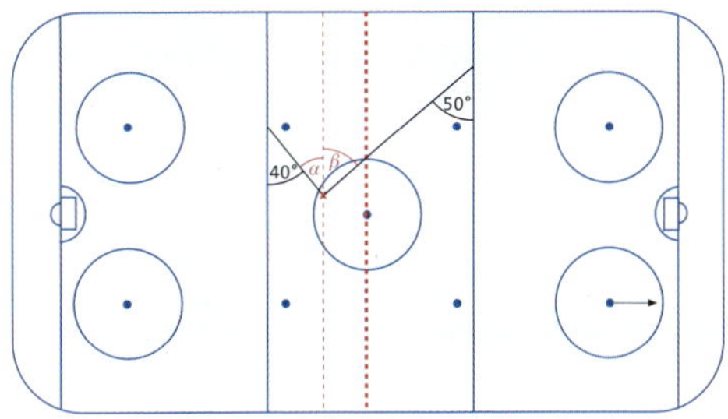

α = 40° und β = 50°, da jeweils Wechselwinkel an einer parallelen Hilfslinie. Also treffen Markus und Matthias in einem rechten Winkel aufeinander.

6 Verschieben, Drehen, Spiegeln

ÜBUNG 1 **S. 101**

Darstellung verkleinert:

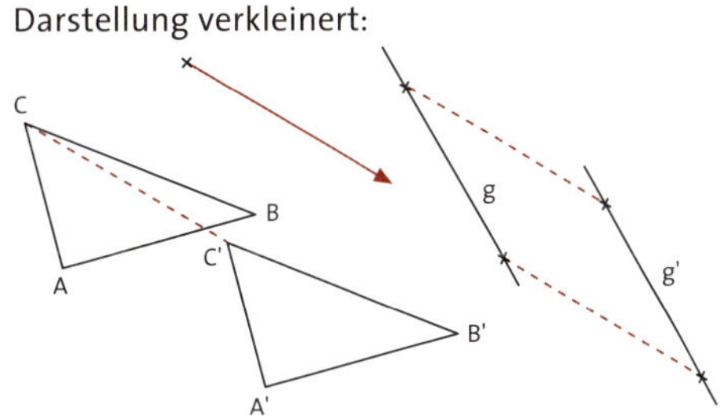

6 Verschieben, Drehen, Spiegeln

ÜBUNG 2 **S. 101**
Richtung: 4 Uhr; Länge: 2,5 cm

ÜBUNG 3 **S. 101**

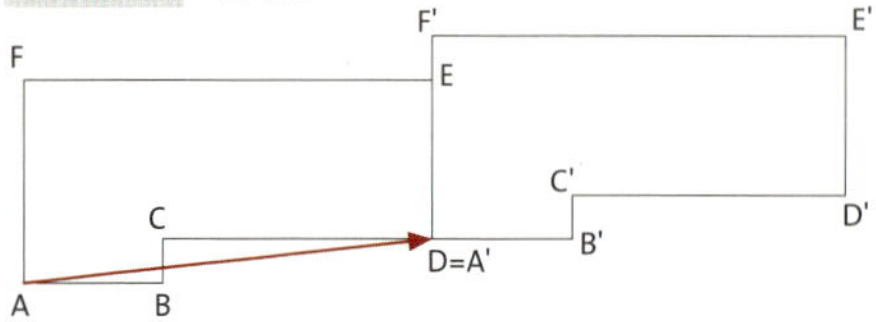

ÜBUNG 4 **S. 101**

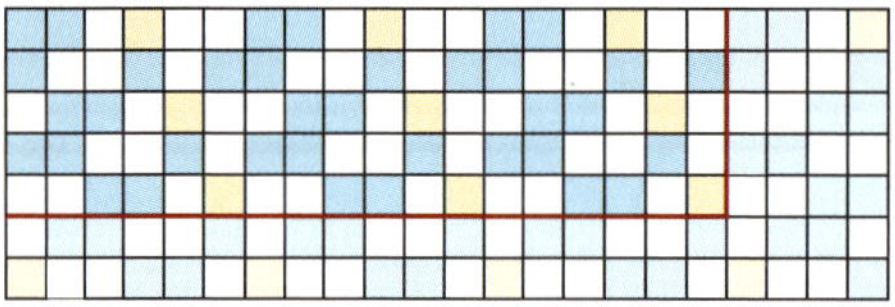

ÜBUNG 5 **S. 101**

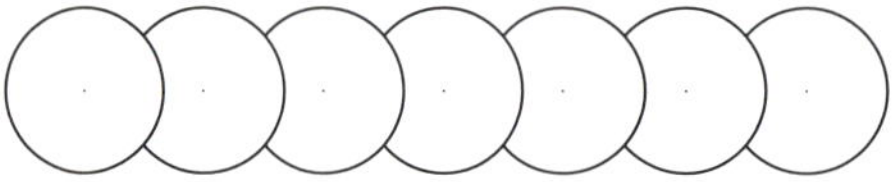

ÜBUNG 6 **S. 103**
Winkel PZP' = 20°; Winkel QZQ' = 105°;
Winkel RZR' = 200°

ÜBUNG 7 **S. 103**
A' (4,1|2,9); B' (6|5,2); C' (2,9|7,8)

ÜBUNG 8 **S. 103**
von links nach rechts: 60°; 90°; 72°

ÜBUNG 9 **S. 103**

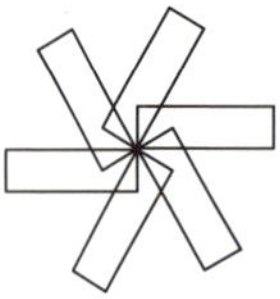

ÜBUNG 10 **S. 103**
Vgl. Skizze in der Aufgabenstellung.

ÜBUNG 11 **S. 103**
Lösungsvorschlag:

ÜBUNG 12 **S. 105**
a) A' (1,1|0,6); B' (2,7|2,2); C' (2,7|5,4)
b) A'' (7|6); B'' (8|4); C'' (7|1)

ÜBUNG 13 **S. 105**

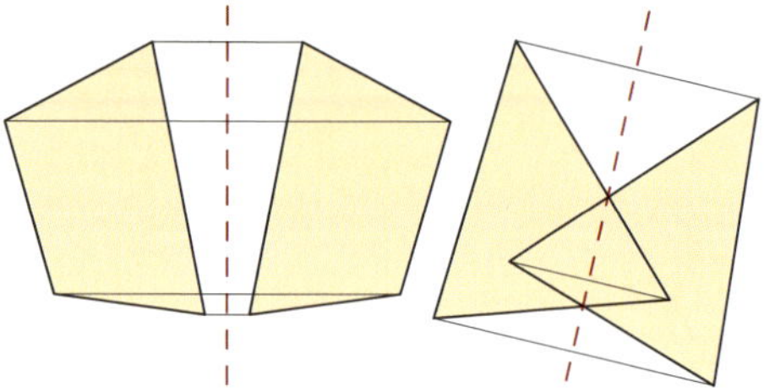

ÜBUNG 14 **S. 105**

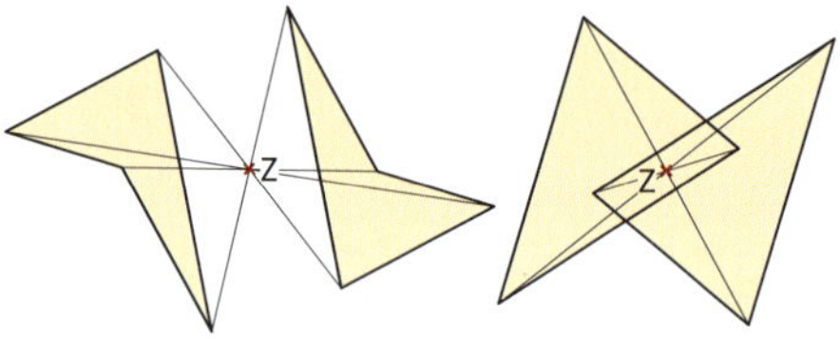

ÜBUNG 15 **S. 105**

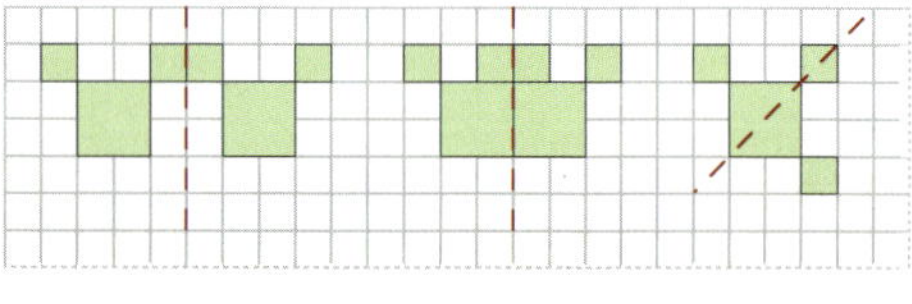

ÜBUNG 16 **S. 106**

ÜBUNG 17 **S. 106**

a) punkt- und achsensymmetrisch (4 Achsen)
b) nur punktsymmetrisch
c) punkt- und achsensymmetrisch (6 Achsen)
d) punkt- und achsensymmetrisch (unendlich viele Achsen sind denkbar)

ÜBUNG 18 **S. 106**

Dieser Satz gilt allgemein!

Klassenarbeiten

AUFGABE 1 **S. 107**

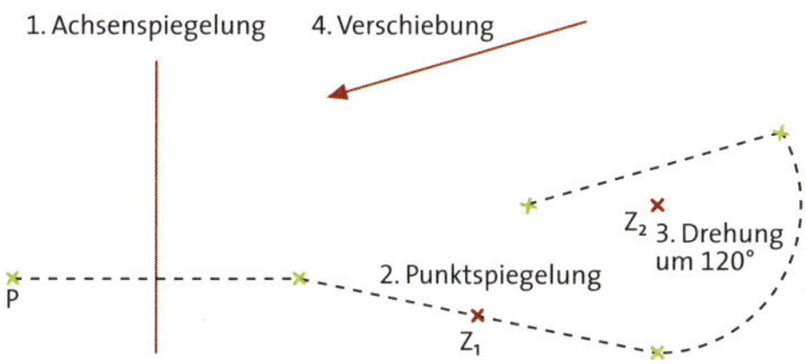

AUFGABE 2 **S. 107**

a) **b)** **c)**

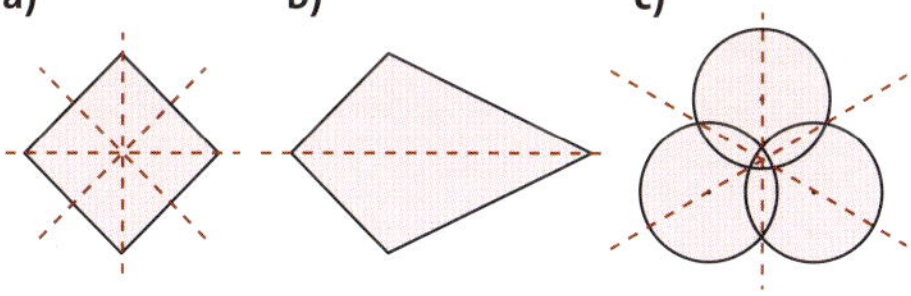

a) und **c)** sind punkt- und drehsymmetrisch.

AUFGABE 3 **S. 107**

a) A' (5|3); B' (8|4); C' (6|6)
b) A' (2,3|3,3); B' (3,2|6,3); C' (0,4|5,8)
c) A' (5,7|8,5); B' (3,6|6,1); C' (6,4|5,4)

AUFGABE 4 **S. 107**

a) A'(6|6); B'(3|5); C' = C
b) A'(3,1|4,6); B'(6,2|4,8); C'(5,2|2,2)

AUFGABE 5 **S. 107**

– Verschiebung: immer erfüllt.
– Drehung: der Drehwinkel muss 180° betragen.
– Achsenspiegelung: die Spiegelachse muss parallel oder orthogonal zur Strecke AB sein.
– Punktspiegelung: immer erfüllt.

AUFGABE 6 **S. 108**

a) 2; 3; 5; **b)** 1; 4; 6; **c)** 1 (60°); 4 (180°); 5 (72°); 6 (180°)
a) + **b)**

AUFGABE 7 **S. 108**

AUFGABE 8 **S. 109**

a)

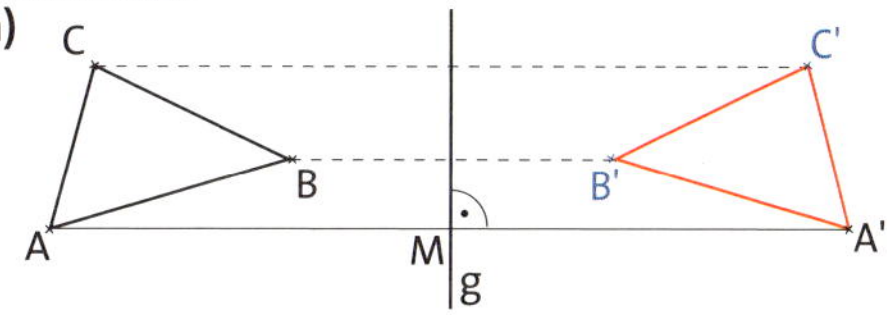

b) Zeichne die Strecke AA' und markiere den Mittelpunkt M dieser Strecke. g ist die Orthogonale zu AA' durch M.

AUFGABE 9 **S. 109**

a)

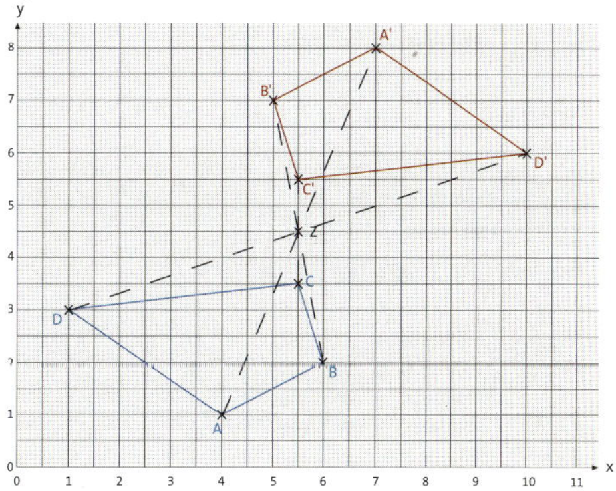

b) A'(7|8); B'(5|7); C'(5,5|5,5); D'(10|6)

7 Figuren und Körper

ÜBUNG 1 **S. 111**

EC-Karte: ca. 40 cm², DIN-A4-Blatt: ca. 6 dm²

ÜBUNG 2 **S. 111**

a) 8 m²; **b)** 54 mm²; **c)** 160 dm²;
d) 6400 m² = 64 a; **e)** 270 000 m² = 27 ha

ÜBUNG 3 **S. 111**

a) 9 cm²; **b)** 6,5 cm²

ÜBUNG 4 **S. 112**

a) 12 dm²; **b)** 2 dm²; **c)** 35 mm²; **d)** 300 km²;
e) 15 a; **f)** 4 ha; **g)** 6 cm²; **h)** 1 km²

ÜBUNG 5 **S. 112**

a) 500 ha; **b)** 1100 cm²; **c)** 1200 m²;
d) 10 700 dm²; **e)** 2000 mm²; **f)** 20 000 a;
g) 20 200 mm²; **h)** 10 000 dm²

ÜBUNG 6 **S. 112**

a) 5 km²; **b)** 15 dm²; **c)** 250 a; **d)** 20 cm²;
e) 1 ha; **f)** 2020 dm²; **g)** 45 m²; **h)** 222 ha

ÜBUNG 7 **S. 113**

a) 120 cm²
b) 240 dm²
c) 2100 mm² = 21 cm²
d) 1600 cm² = 16 dm²
e) 40 000 mm² = 4 dm²
f) 18 000 000 m² = 18 km²
g) 1 000 000 m² = 1 km²
h) 3000 cm² = 30 dm²

ÜBUNG 8 **S. 113**

Die Gesamtfläche (4 Wände und 1 Decke) beträgt 54 m². Die Farbe reicht nicht.

ÜBUNG 9 **S. 113**

a) 0,5 km²; **b)** 1,6 dm²; **c)** 0,5 a; **d)** 0,04 cm²;
e) 0,01 ha; **f)** 0,174 dm²; **g)** 1,105 km²;
h) 0,002 m²

ÜBUNG 10 **S. 113**

a) 40 000 a; **b)** 1 500 000 cm²; **c)** 2 000 000 mm²;
d) 50 ha; **e)** 70 000 000 000 cm²; **f)** 10 a;
g) 42 200 cm²; **h)** 50 cm²; **i)** 0,012 m²

ÜBUNG 11 **S. 113**

1. Seite (in cm)	2. Seite (in cm)	Flächeninhalt (in cm²)	Umfang (in cm)
5	8	40	26
3	7	21	20
7,5	4	30	23
6	5	30	22
6	14	84	40
40	40	1600	160
6	6	36	24

ÜBUNG 12 **S. 115**

a) 12 cm²; **b)** 11 cm²; **c)** 12 cm²; **d)** 12 cm²

ÜBUNG 13 **S. 115**

a) Jedes beliebige Parallelogramm lässt sich auf diese (in 12 a) und b) gezeigte) Art zerlegen und zu einem Rechteck zusammensetzen.
b) Jedes beliebige Dreieck lässt sich auf diese (in 12 c) und d) gezeigte) Art zerlegen und zu einem Rechteck zusammensetzen.

ÜBUNG 14 **S. 115**

g = Grundseite
a) 28 cm², g = 7 cm; **b)** 15 m², g = 3 m;
c) 24 mm², g = 6 mm; **d)** 3 dm², g = 2 dm

ÜBUNG 15 **S. 115**

a) 12 cm²; **b)** 3 m²; **c)** 5 km²; **d)** 600 m² = 6 a

ÜBUNG 16 **S. 116**

Die fünf Flächen sind alle gleich groß.

ÜBUNG 17 **S. 116**

Beispiele für mögliche Kombinationen (Grundseite × Höhe): 4 cm × 6 cm; 3 cm × 8 cm; 2 cm × 12 cm; 1 cm × 24 cm; 6 cm × 4 cm; 8 cm × 3 cm; 5 cm × 4,8 cm oder 10 cm × 2,4 cm

Übung 18 **S. 116**

Grundseite (in cm)	Höhe (in cm)	Parallelogrammfläche (in cm²)	Dreiecksfläche (in cm²)
5	6	30	15
12	3	36	18
2,5	4	10	5
11	12	132	66
9	6	54	27
4,5	6	27	13,5

Übung 19 **S. 116**

a)

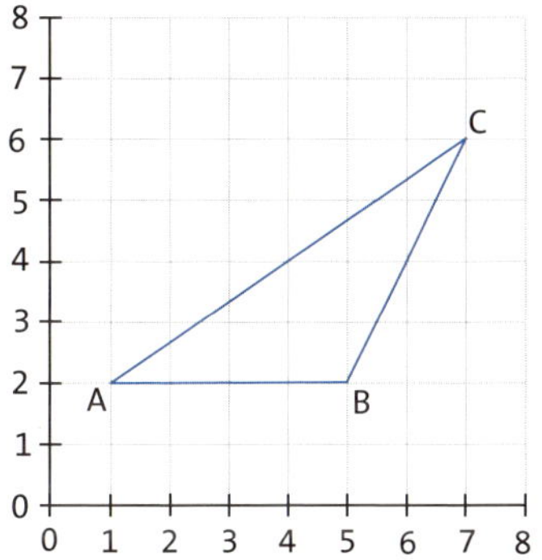

b) a ≈ 45 mm; b ≈ 72 mm; c = 40 mm;
h_a ≈ 36 mm; h_b ≈ 22 mm; h_c = 40 mm

c) $\frac{45 \cdot 36}{2}$ mm² = 810 mm²;
$\frac{72 \cdot 22}{2}$ mm² = 792 mm²; $\frac{40 \cdot 40}{2}$ mm² = 800 mm²

d) Die Abweichungen in den ersten beiden Rechnungen aus c) entstehen durch Ungenauigkeiten beim Messen. Das Dreieck hat den Flächeninhalt A = 800 mm² = 8 cm². (Die Werte in der dritten Rechnung aus c) sind exakt durch die Koordinaten von A, B und C vorgegeben.)

Übung 20 **S. 117**

a) 7,5 cm²; **b)** 3 cm²; **c)** 6 cm²; **d)** 4,5 cm²

Übung 21 **S. 117**

65 cm² – 2 · 12 cm² – 2 · 5 cm² = 31 cm²

Übung 22 **S. 117**

Mit den beiden unteren Teildreiecken kann man die oberen so ergänzen, dass ein Rechteck mit den Seitenlängen $\frac{d}{2}$ und e entsteht. Der Flächeninhalt berechnet sich folgendermaßen:
$A = \frac{e}{2} \cdot d = \frac{d \cdot e}{2}$.

Übung 23 **S. 119**

Quader: Streichholzschachtel;
Würfel: Spielwürfel; Prisma: Bienenwabe;
Pyramide: ägyptische Pyramide

Übung 24 **S. 119**

Vgl. Skizze in der Aufgabenstellung!

Übung 25 **S. 119**

a) a = 3 cm; b = 4 cm; c = 2 cm
b) a = 5 cm; b = 3 cm; c = 3 cm

Übung 26 **S. 119**

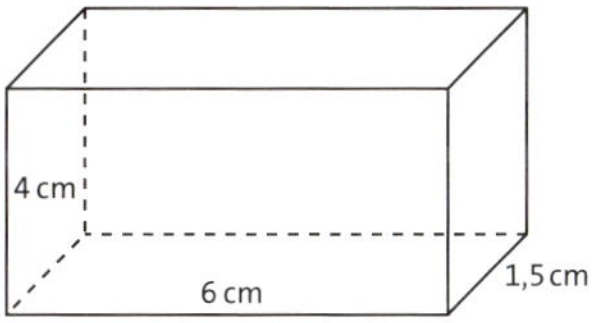

Übung 27 **S. 120**

Netz c) ergibt keinen Würfel.

Übung 28 **S. 120**

a) richtig; **b)** richtig; **c)** falsch; **d)** richtig;
e) richtig; **f)** falsch

ÜBUNG 29 **S. 120**

a)

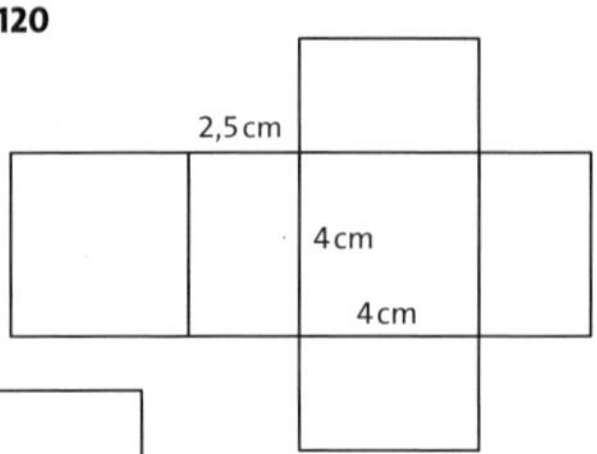

b)

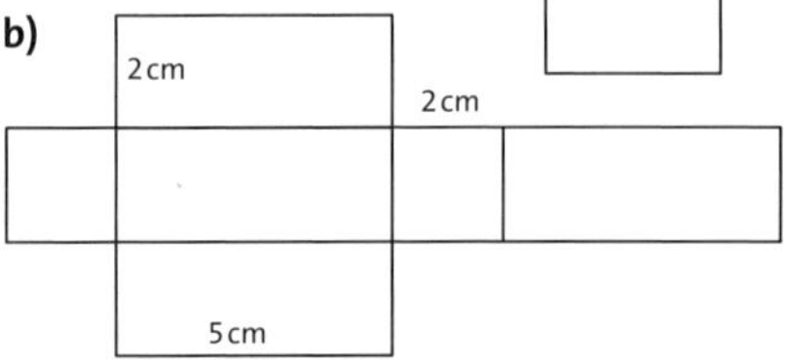

ÜBUNG 30 **S. 120**

a)

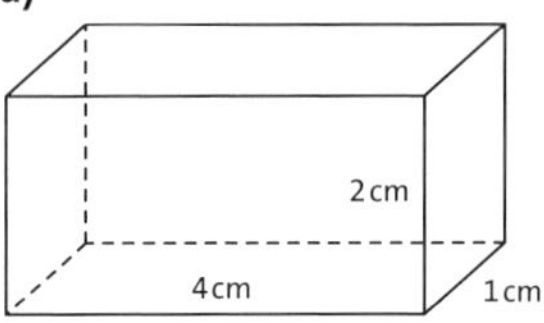

b)

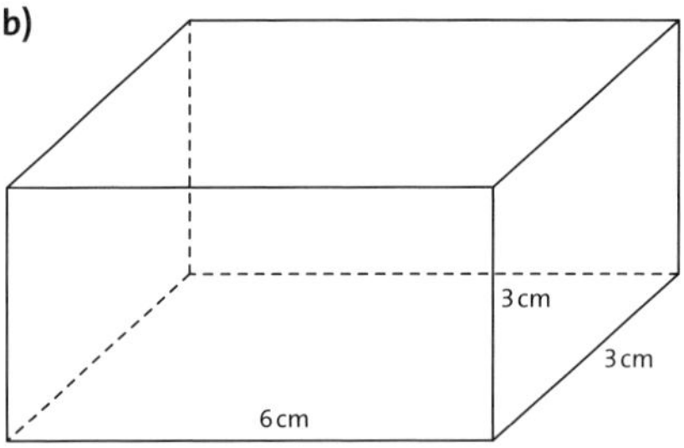

ÜBUNG 31 **S. 121**

Rechnung ohne Einheiten geschrieben:
$2 \cdot 20 \cdot 10 + 2 \cdot 20 \cdot 8 + 2 \cdot 10 \cdot 8 = 880$
Oberflächeninhalt: 880 cm²

ÜBUNG 32 **S. 121**

a)

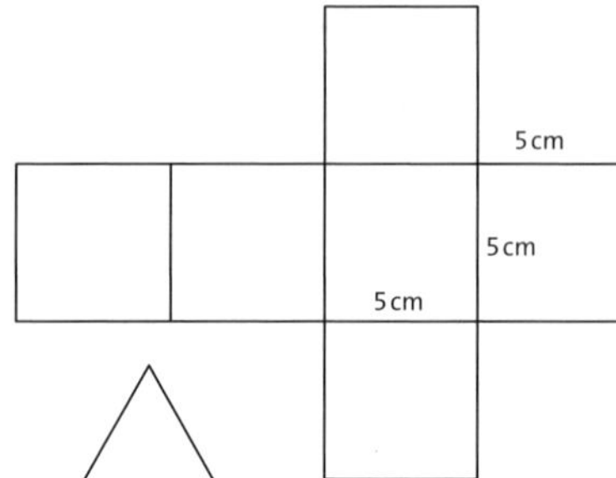

b)

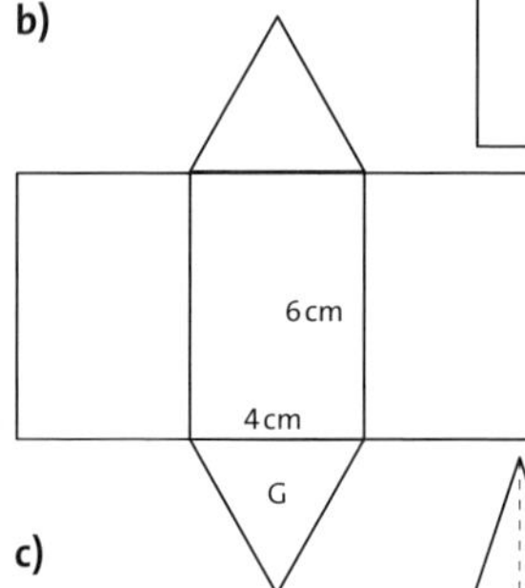

c)

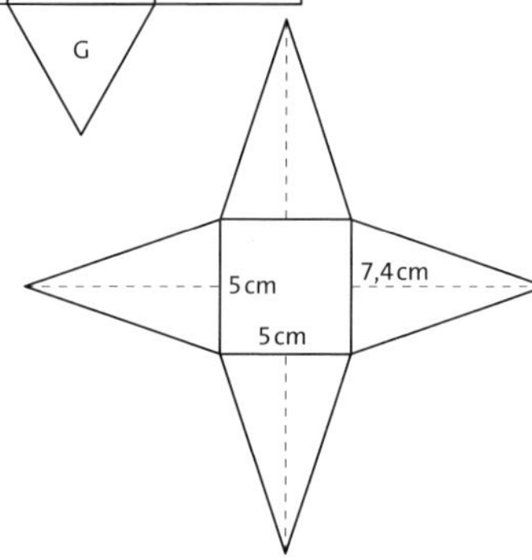

ÜBUNG 33 **S. 121**

a) 150 cm²; **b)** 86 cm² (Höhe der Grundfläche h ≈ 3,5 cm); **c)** 99 cm²

ÜBUNG 34 **S. 123**

Buch: ≈ 400 cm³; Stecknadelkopf: ≈ 3 mm³; Tintenpatrone: ≈ 1 cm³; Badewanne: ≈ 400 dm³; Schulbus: ≈ 90 m³

ÜBUNG 35 **S. 123**

Der große Würfel wird systematisch mit den kleinen gefüllt. Je 10 kleine passen dabei in eine Reihe. 10 Reihen passen auf die Grundfläche. 10 solcher Schichten übereinander füllen den ganzen Würfel: $10 \cdot 10 \cdot 10 = 1000$.

ÜBUNG 36 **S. 123**

a) 30 m^3
b) 225 cm^3
c) 40 000 cm^3 = 40 dm^3
d) 30 000 dm^3 = 30 m^3
e) 50 000 000 mm^3 = 50 dm^3

ÜBUNG 37 **S. 123**

a) Es müssen 100 m^3 Erde ausgehoben werden.
b) 100 m^3 Erde wiegen 300 t.

ÜBUNG 38 **S. 123**

5 l = 5 000 ml = 5 dm^3 = 5 000 cm^3
20 l = 20 000 ml = 20 dm^3 = 20 000 cm^3
9 l = 9 000 ml = 9 dm^3 = 9 000 cm^3

ÜBUNG 39 **S. 124**

a) 5000 dm^3; **b)** 8000 cm^3; **c)** 20 000 mm^3; **d)** 500 000 mm^3; **e)** 1 010 000 dm^3; **f)** 2 000 000 mm^3; **g)** 500 cm^3; **h)** 3200 dm^3; **i)** 70 050 dm^3; **j)** 4000 ml; **k)** 500 ml; **l)** 25 ml

ÜBUNG 40 **S. 124**

a) 8 cm^3; **b)** 58 cm^3; **c)** 25 dm^3; **d)** 125 m^3; **e)** 1000 dm^3; **f)** 3,3 m^3; **g)** 0,5 dm^3; **h)** 0,05 cm^3; **i)** 0,002 m^3; **j)** 4 l; **k)** 1,5 l; **l)** 0,025 l

ÜBUNG 41 **S. 124**

a) 600 cm^3; **b)** 21 m^3; **c)** 60 dm^3; **d)** 350 cm^3

ÜBUNG 42 **S. 124**

V = 1026 cm^3 = 1,026 Liter
Milchpackungen sind etwas größer als 1 Liter. Eine randvolle Milchtüte könnte man schlecht anschneiden zum Gießen.

ÜBUNG 43 **S. 124**

a) 35 cm^3; **b)** 20 cm^3 (Kann auch durch Subtraktion gelöst werden.)

ÜBUNG 44 **S. 124**

Fläche des Ölflecks:
50 mm · 50 mm = 2500 mm^2
Höhe des Ölflecks:
$\frac{50\ mm^3}{2500\ cm^2}$ = 0,02 mm

Klassenarbeiten

AUFGABE 1 **S. 125**

a) + c)

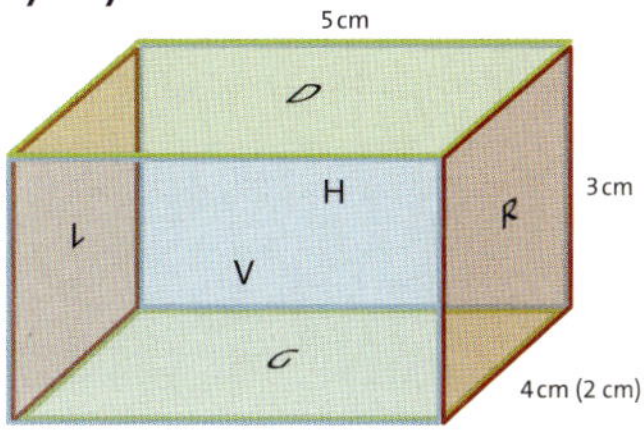

b) + c)

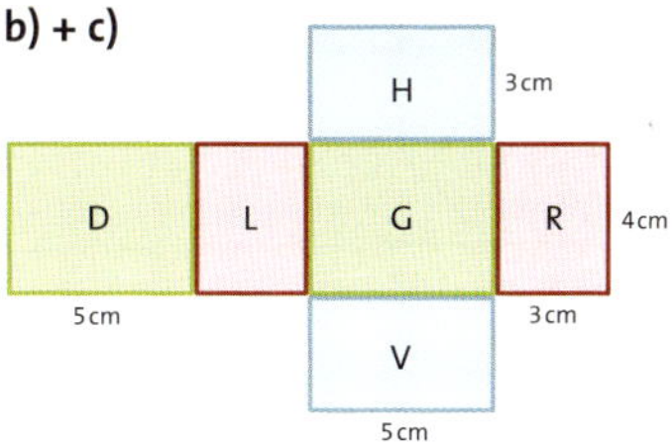

AUFGABE 2 **S. 125**

a) Ein Würfel hat 12 (statt 10) Kanten.
b) Ein dreiseitiges Prisma hat 9 (statt 5) Kanten.
c) Nicht jede Pyramide, sondern nur eine viereckige Pyramide hat 8 Kanten.
d) Nur Kanten, die aufeinandertreffen, sind orthogonal zueinander.

AUFGABE 3 **S. 125**

a) 700 cm^2; **b)** 300 000 m^2; **c)** 20 dm^2; **d)** 15 000 mm^3; **e)** 0,2 dm^3; **f)** 2500 l

AUFGABE 4 **S. 125**

Volumen: 120 cm^3
Grundfläche: 240 cm^2
Oberfläche: 512 cm^2

AUFGABE 5 **S. 125**

a) Die Terrasse ist 18 m^2 groß.
b) Der gesamte Plattenbelag wiegt 630 kg.

AUFGABE 6 **S. 125**

Flächeninhalt: 6 cm^2
Sie nimmt $\frac{1}{4}$ der Gesamtfläche ein.

AUFGABE 7 **S. 126**

a)

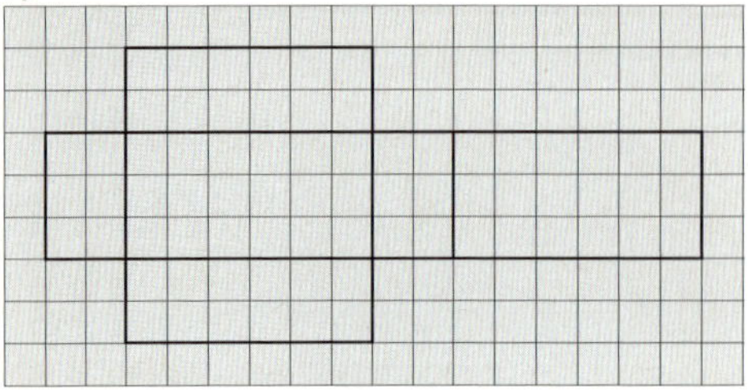

b)

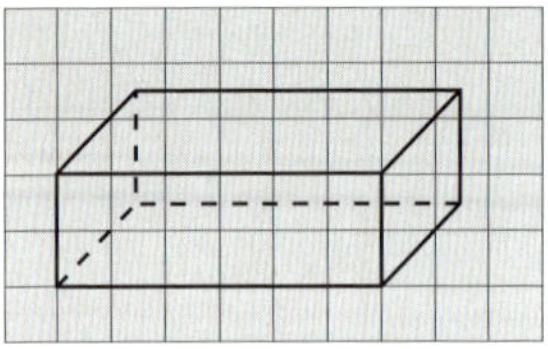

c) $V = 3 \cdot 1{,}5 \cdot 1\ cm^3 = 4{,}5\ cm^3$

AUFGABE 8 **S. 126**

a) $A = 4 \cdot 8\ m^2 + 2 \cdot 1{,}8 \cdot 4\ m^2 + 2 \cdot 1{,}8 \cdot 8\ m^2$
$= 75{,}2\ m^2$
Familie Mandel muss also 8 Eimer Farbe kaufen.
b) $V = 1{,}6 \cdot 4 \cdot 8\ m^3 = 51{,}2\ m^3 = 51\,200\ l$
Es müssen 51 200 l Wasser eingelassen werden.
c) $\frac{6400}{57\,600} = \frac{1}{9} = 11{,}\overline{1}\ \%$ werden nicht befüllt.

AUFGABE 9 **S. 126**

a) 0,456 m^3; **b)** 48 000 mm^3; **c)** 0,99 dm^2;
d) 2,501 kg; **e)** 1200,3 kg; **f)** 6432 mm

AUFGABE 10 **S. 126**

a) $\frac{2}{9}$ des Rechtecks sind gefärbt.

b)

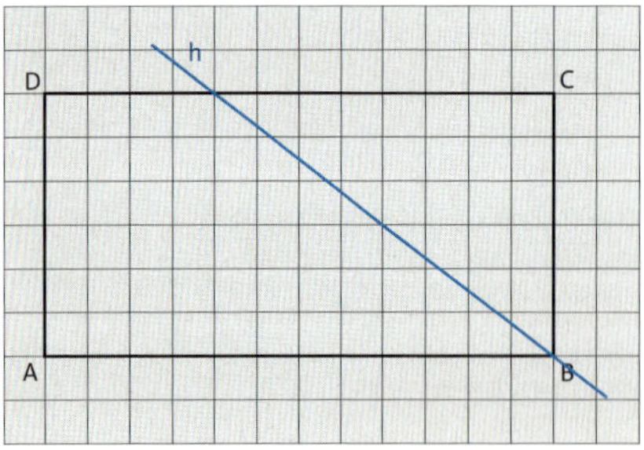

DUDEN

ISBN 978-3-411-72183-2